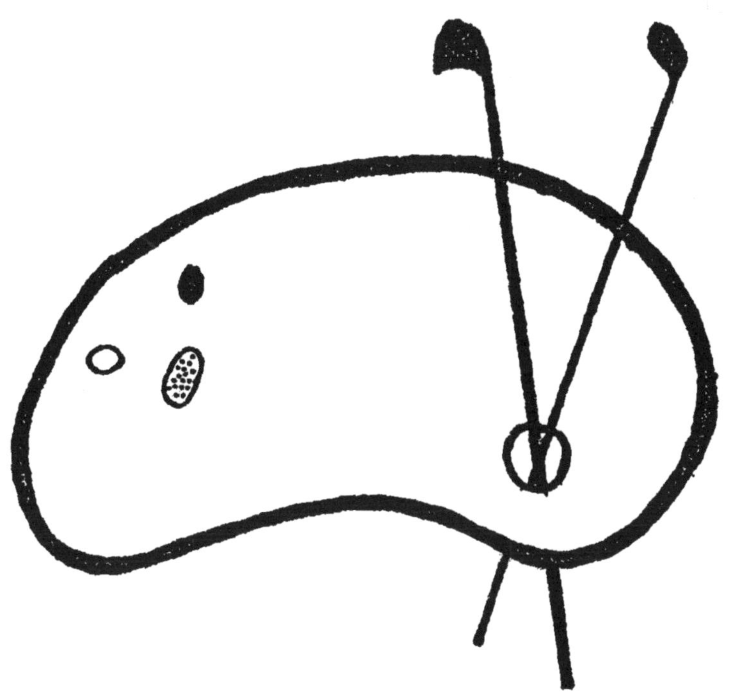

DEBUT D'UNE SERIE DE DOCUMENTS
EN COULEUR

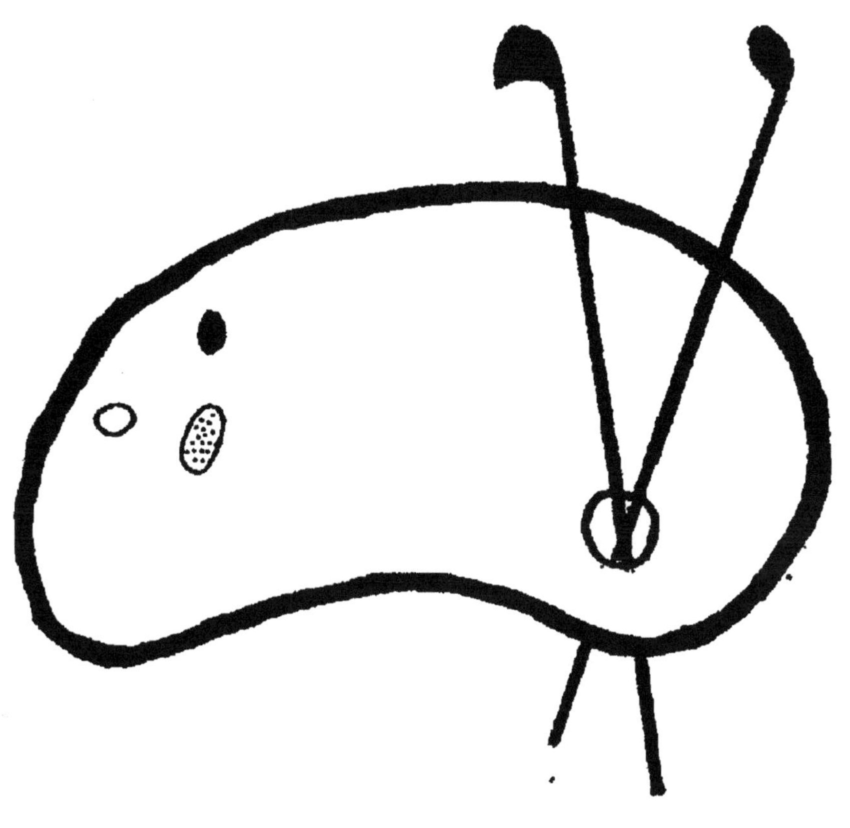

FIN D'UNE SERIE DE DOCUMENTS
EN COULEUR

ANALYSE
DES ENGRAIS

OUVRAGES DU MÊME AUTEUR

1° **Traité d'analyse des matières sucrées** (Médaille d'or), Paris, 1890, Bernard et Cⁱᵉ.

2° **Le Contrôle chimique du travail des mélasses** (Brochure), Paris, 1887, *Journal des Fabricants de sucre*.

3° **Polarisation et Saccharimétrie**, Paris, 1895, G. Masson et Gauthier-Villars.

4° **Les Constantes physico-chimiques**, Paris, 1897, G. Masson et Gauthier-Villars.

5° **Aide-Mémoire de Sucrerie**, Paris, 1898, librairie polytechnique, Baudry et Cⁱᵉ (Ch. Béranger, successeur).

6° **Le Contrôle chimique de la distillerie agricole** (Brochure). Paris, 1898.

ANALYSE
DES ENGRAIS

RECUEIL INTERNATIONAL

DES MÉTHODES OFFICIELLES
EN USAGE DANS LES PRINCIPAUX PAYS D'EUROPE
ET D'AMÉRIQUE

Rédigé conformément au vœu formulé
par le Deuxième Congrès international de chimie appliquée,

PAR

D. SIDERSKY

Ingénieur-Chimiste,
Officier du Mérite Agricole.

PARIS
LIBRAIRIE POLYTECHNIQUE, CH. BÉRANGER, ÉDITEUR
SUCCESSEUR DE BAUDRY ET Cie
15, RUE DES SAINTS-PÈRES, 15
MAISON A LIÈGE, 21, RUE DE LA RÉGENCE
—
1901

ANALYSE DES ENGRAIS

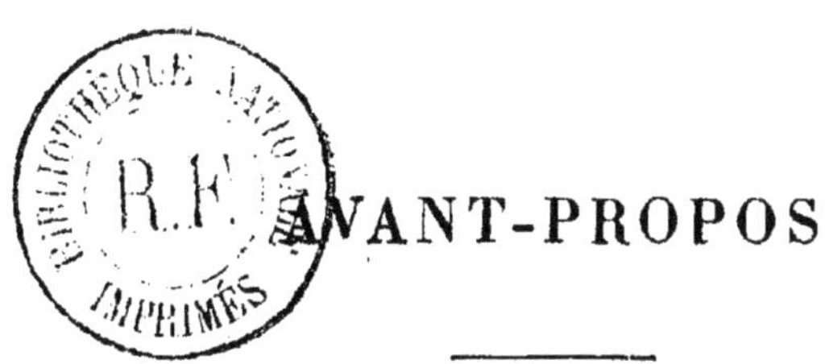

AVANT-PROPOS

Le *Deuxième Congrès International de chimie appliquée* (Paris, 1896), après avoir discuté longuement diverses méthodes d'analyse d'engrais en usage dans les divers pays, m'a fait l'honneur de me charger de la présente publication, en formulant le vœu suivant proposé par M. P. P. Déhérain, membre de l'Institut.

« Les diverses méthodes officielles d'analyse des engrais seront réunies dans une même publication rédigée en langue française. — M. Sidersky est chargé de cette publication. »

Cependant, la réalisation de ce vœu a demandé pas mal de temps, parce que les divers pays représentés au Congrès ont mis plus ou moins de temps à rédiger leurs méthodes officielles respectives et à me les communiquer.

Certains pays ont modifié leur système et se sont mis d'accord avec des pays voisins, tels que : la Hollande, la Belgique et le Grand-Duché du Luxembourg, qui ont arrêté depuis, de commun accord, une nouvelle rédaction ; la Suisse qui vient d'adopter les méthodes allemandes, etc. En Allemagne même, la rédaction des méthodes officielles s'est fait attendre longtemps.

Entre temps, le troisième Congrès international de chimie appliquée (*Vienne* 1898) a nommé une Commission internationale qu'elle a chargée de rechercher les meilleures méthodes d'analyse des engrais et des fourrages, afin d'en préparer l'accord international.

Cette Commission, dont je suis très honoré de faire partie, a fait adopter par le quatrième Congrès de chimie appliquée (*Paris*, 1900) un petit rapport qu'on lira à la fin de ce recueil, et qui indique en principe les méthodes qu'elle a reconnues comme étant les plus sûres.

Les documents officiels qui se succèdent dans le présent volume m'ont été communiqués par mes honorables collègues étrangers, délégués au *deuxième* Congrès international de chimie appliquée, et que j'ai traduits en français aussi exactement que possible. Je les fais suivre dans l'ordre où je les ai reçus, sans supprimer la description de certaines méthodes identiques dans deux pays et qui diffèrent souvent par quelques détails d'exécution. J'y ai ajouté la description de la méthode Kjeldahl pour le dosage de l'azote, rédigée par le regretté M. Kjeldahl lui-même, sur la demande de la section agricole du *deuxième Congrès*.

Je tiens à faire remarquer avant tout que le caractère officiel des méthodes d'analyse des engrais n'est pas le même partout. Par exemple, en France, en Belgique, etc., c'est la réglementation officielle faite sur la proposition d'un Comité; tandis qu'en Allemagne, en Autriche et aux États-Unis, c'est la libre entente des chimistes agricoles réunis en Congrès, qui a produit l'unification des méthodes d'analyse agricole. Quoi qu'il en soit, chaque pays a ses méthodes officielles suivies par ses chimistes et ignorées souvent des chimistes d'un pays voisin.

Afin d'acheminer vers un accord international, il est nécessaire que chaque chimiste puisse étudier et expérimenter les méthodes employées non seulement dans son propre pays, mais aussi et surtout celles employées dans les divers pays étrangers et qui sont nouvelles pour lui. C'est pour atteindre ce but que le *deuxième Congrès international de chimie appliquée* m'a chargé de rédiger le présent recueil.

Il me reste à exprimer à cette place mes plus vifs remerciements à tous ceux de mes collègues qui n'ont pas cessé de me donner tous les renseignements relatifs aux divers documents qui vont suivre et notamment :

MM. Professeur Dr Märcker (*Halle, Allemagne*), Dr Von Grueber (*Vienenburg, Allemagne*), Dr Strohmer (*Vienne, Autriche*), Dr Peterman (*Gembloux, Belgique*), Masson (*Gembloux, Belgique*), Hooguewerff (*Delft, Hollande*), Professeur Menozzi (*Milan, Italie*), Dusserre (*Lausanne, Suisse*) et Dr Wiley (*Washington, États-Unis*).

D. SIDERSKY.

I

FRANCE

RAPPORT

A M. LE MINISTRE DE L'AGRICULTURE

PAR

LE COMITÉ DES STATIONS AGRONOMIQUES

ET DES LABORATOIRES AGRICOLES

SUR LES MÉTHODES A SUIVRE POUR LA PRISE D'ÉCHANTILLON ET L'ANALYSE DES MATIÈRES FERTILISANTES, MÉTHODES DONT L'APPLICATION POUR LES EXPERTISES LÉGALES EST DEVENUE OBLIGATOIRE EN VERTU DE L'ARTICLE 12 DU DÉCRET DU 10 MAI 1889, PORTANT RÈGLEMENT D'ADMINISTRATION PUBLIQUE.

Extrait du Bulletin du Ministère de l'Agriculture. 16ᵉ année, nᵒ 2.
(Mai 1897[1]).

I. — CONSIDÉRATIONS GÉNÉRALES

En décrivant les méthodes analytiques qui, dans l'état actuel de nos connaissances, nous paraissent les plus propres à conduire à des résultats exacts, nous avons cru devoir tenir compte des conditions dans lesquelles se trouvent placés les laboratoires d'analyse qui ont à effectuer, dans un temps déterminé, un certain nombre d'opérations.

Il ne s'agissait donc pas uniquement de la précision

[1] Un premier rapport du Comité des Stations agronomiques a paru dans le « Bulletin du Ministère de l'Agriculture » de juillet 1887 (p. 189), et fut reproduit dans la plupart des ouvrages de Chimie agricole. Le présent rapport en est une reproduction revue et augmentée.

des procédés, mais encore de la facilité et de la rapidité de leur application. C'est à ce double point de vue que la Commission chargée spécialement de cette étude s'est placée, et, dans le choix qu'elle a fait parmi les méthodes analytiques, elle a tenu grand compte des nécessités de la pratique du laboratoire ; mais elle a toujours subordonné à toutes les autres considérations celle de l'exactitude à obtenir dans le dosage.

Les méthodes qui n'ont pas été jugées suffisamment précises ont été écartées. Mais la commission n'a pas la prétention d'avoir fait une œuvre définitive ; elle croit devoir laisser ouverte l'inscription des procédés nouveaux ou perfectionnés, lorsque ceux-ci auront fait leurs preuves.

Il existe quelquefois, pour la détermination d'une même substance, des moyens différents qui conduisent au résultat exact. Chaque fois que ce cas est présenté, la Commission a adopté ces diverses méthodes, laissant à l'opérateur le choix de celle que lui indiqueront ses habitudes, ses ressources, ses préférences personnelles. Mais il ne faut pas oublier que la précision absolue est impossible à atteindre.

L'exactitude des opérations ne dépend pas seulement des méthodes : elle dépend aussi des opérateurs ; il y a donc deux causes d'erreur qui tendent à éloigner les chiffres obtenus dans l'analyse du chiffre vrai : l'erreur inhérente au procédé, l'erreur personnelle à l'analyste. Les chiffres que donne le dosage ne sont donc pas mathématiquement égaux aux chiffres exprimant la quantité réelle de la substance envisagée, et les écarts pourront être d'autant plus grands que la méthode est susceptible de moins de précision et l'opérateur moins habile.

De là résulteront des divergences entre les résultats

obtenus par divers chimistes, divergences qui, dans l'esprit de personnes non initiées pourront ébranler la confiance dans l'utilité et la valeur de l'épreuve analytique et embarrasser les tribunaux chargés de réprimer les fraudes. Les inconvénients de ces divergences sont apparents plutôt que réels, et il convient de les discuter.

Dans les transactions commerciales, il suffit d'avoir des chiffres se rapprochant assez de la vérité absolue pour que l'écart soit sans préjudice appréciable pour l'acheteur ou pour le vendeur, et il y a une certaine latitude dans laquelle peuvent se mouvoir les résultats que l'on peut appeler pratiquement exacts, il faut donc admettre un écart permis, une tolérance entre le titre indiqué et celui que donne l'analyse.

De là, la nécessité de se rendre compte du degré de certitude qu'offre l'analyse chimique des matières fertilisantes.

C'est une tendance des personnes qui ne sont pas initiées aux sciences expérimentales d'attribuer à celles-ci plus de puissance quelle n'en ont en réalité. Il est du devoir de ceux qui sont chargés de préciser les conditions de l'intervention de la science dans les applications industrielles et commerciales de prémunir contre une confiance trop absolue dans les résultats de laboratoire.

On s'imagine souvent que le nombre de décimales est l'indice d'une plus grande exactitude ; rien n'est moins vrai, et le chimiste qui se rend compte de la valeur des chiffres ne s'attachera jamais à porter ce nombre au delà de ce qui rentre dans les limites des quantités dont il peut répondre. En général, quand les résultats sont rapportés à 100 de matière analysée, le maximum de précision qu'on puisse espérer ne dépasse pas une unité

1.

de la première décimale, il n'a donc à tenir aucun compte
d'une deuxième et surtout d'une troisième décimale, et,
par suite, il est susperflu de les employer en exprimant
le résultat d'une analyse.

Encore, dans la plupart des cas, n'est-ce pas d'une
unité de la première décimale, mais de plusieurs, que
les chimistes peuvent s'écarter pour un même produit.
On doit donc regarder comme pratiquement concordants
les résultats qui ne diffèrent entre eux que d'un petit
nombre d'unités de la première décimale, et ce nombre
d'unités pourra être d'autant plus grand que la quantité
du corps à doser est elle-même plus grande par rapport
à la matière analysée.

Pour fixer les idées, nous citons quelques résultats :

ANALYSE D'UN PHOSPHATE NATUREL

	Acide phosphorique.
Quantité réelle.	17,2 p. 100
Premier résultat	17,4 —
Autre résultat	17,0 —

Un marchand qui aura vendu avec garantie de 17,2 p. 100
d'acide phosphorique, alors que l'analyse n'aura trouvé
que 17,0, n'est donc pas convaincu de fraude, puisque
l'écart entre les deux chiffres peut provenir du fait de
l'analyse aussi bien que d'un manquant réel. Il n'en serait
pas de même si l'écart était plus grand.

ANALYSE D'UN PHOSPHATE PRÉCIPITÉ

	Acide phosphorique.
Quantité réelle.	37,0 p. 100
Premier résultat	36,7 —
Autre résultat	37,3 —

Là encore nous devons admettre que ces divers chiffres

sont suffisamment concordants pour les besoins du commerce, et que le vendeur qui aurait garanti 37 p. 100 alors que l'analyste n'a trouvé que 36,7 n'est pas convaincu de fraude.

ANALYSE D'UN NITRATE DE SOUDE

	Nitrate pur.
Quantité réelle.	92,3 p. 100
Premier résultat .	91,8 —
Autre résultat . . .	92,8 —

Mêmes observations que pour les cas précédents.

DOSAGE D'AZOTE DANS UN ENGRAIS ORGANIQUE

	Azote.
Quantité réelle.	3,3 p. 100
Premier résultat .	3,4 —
Autre résultat	3,2 —

Ici les quantités étant plus faibles, on ne peut tolérer que de faibles écarts.

Ces exemples ne fixent pas les limites : ils ne sont destinés qu'à montrer que les analystes peuvent s'écarter, en plus ou en moins, de la vérité absolue.

Sans multiplier ces exemples, on peut dire que, chaque fois que les écarts ne dépassent pas 1 p. 100 du principe fertilisant dosé, les résultats doivent être regardés comme concordants.

C'est au chimiste à déterminer, dans chaque cas particulier où il a à se prononcer sur la fraude dans le commerce des engrais, si l'écart entre le chiffre annoncé et le chiffre trouvé est assez faible pour être imputable aux imperfections de l'analyse, ou s'il est de nature à incriminer l'engrais analysé.

Le chimiste doit donc apporter de la prudence et du tact dans l'interprétation de ses résultats. Aussi est-il à désirer que les personnes chargées de se prononcer sur ces questions aient non seulement la pratique des opérations, mais encore les connaissances scientifiques nécessaires pour attribuer à chaque donnée analytique sa véritable valeur. Le choix de l'expert n'est donc pas indifférent.

Dans le cas de contestations, une plus grande attention s'impose à ce dernier ; aussi ne doit-il pas se borner à un seul essai, afin de se mettre à l'abri des causes d'erreurs accidentelles.

II. — EXAMEN PRÉLIMINAIRE DES ENGRAIS

Lorsqu'un engrais est soumis à l'examen du chimiste, celui-ci est ordinairement informé des corps dont il doit déterminer la quantité. Dans ce cas, il portera uniquement son attention sur ces corps, sans s'attacher aux autres substances existant dans l'engrais, et une analyse qualitative paraîtrait inutile au premier abord. Mais le fait d'avoir négligé cet examen préliminaire peut avoir l'influence la plus préjudiciable sur l'exactitude des résultats, la coexistence de tels et tels corps nécessitant souvent des modifications dans les procédés analytiques. Les engrais constitués par des mélanges sont fréquemment dans ce cas. Pour ne citer qu'un exemple, le dosage de l'azote organique se fera par des procédés différents, suivant qu'on aura constaté ou non la présence simultanée d'un nitrate.

L'examen préliminaire par l'analyse qualitative s'impose donc dans la plupart des cas ; il ne peut être négligé que lorsqu'on se trouve en présence d'engrais simples, tels que le phosphate naturel, le chlorure de potassium, le sulfate d'ammoniaque, etc.

Recherche qualitative de la potasse. — 2 à 3 grammes

d'engrais sont traités par 4 ou 5 centimètres cubes d'eau ; on triture avec une baguette et l'on jette sur un filtre. C'est dans cette liqueur qu'on peut reconnaître la présence de potasse par les procédés suivants :

1° A 2 ou 3 gouttes de liquide on ajoute une goutte d'acide chlorhydrique et 8 à 10 gouttes d'alcool, puis une goutte d'acide perchlorique, qui formera avec la potasse un perchlorate cristallin presque insoluble.

2° Quelques gouttes de liquide sont addittionnées de 2 ou 3 gouttes de solution de bichlorure de platine ; on obtiendra un précipité jaune cristallin de chloroplatinate de potasse, qu'une addition de quelques gouttes d'alcool rendra plus abondant.

Ces deux réactions peuvent cependant aussi se produire avec l'ammoniaque ; elles ne sont absolument certaines que si les sels ammoniacaux ont été au préalable chassés par une calcination de l'engrais.

3° Le réactif de M. Carnot est préférable et peut s'appliquer même en présence des sels ammonicaux : à quelques gouttes du liquide obtenu par le lavage de l'engrais on ajoute quelques gouttes de solution d'hyposulfite de soude à 10 p. 100 et 3 ou 4 gouttes d'une liqueur de bismuth, puis de l'alcool en quantité double du volume obtenu par le volume de ces liquides. Par l'agitation, on voit un précipité cristallin d'un beau jaune serin, caractéristique de la potasse,

La préparation de la liqueur de bismuth se fait en dissolvant 100 grammes de sous-nitrate de bismuth, à chaud, dans la quantité nécessaire d'acide chlorhydrique et en étendant le volume à un litre avec de l'alcool à 92°.

Recherche qualitative de l'acide phosphorique. — Quelques centigrammes de matière sont introduits dans un tube à essai avec **2 à 3** centimètres cubes d'acide azotique et autant d'eau ; on fait bouillir pendant deux ou trois minutes et on laisse déposer. Au moyen d'un tube étiré, on prélève une partie du liquide clair, auquel on ajoute 4 à 5 centimètres cubes de nitromolybdate d'ammoniaque. S'il y a de l'acide phosphorique en quantité appréciable, on obtiendra, au bout de peu de temps, un précipité jaune caractéristique de phosphomolybdate d'ammoniaque, qu'on peut faire apparaître immédiatement en chauffant vers **60-80°**. On a ainsi constaté l'existence de l'acide phosphorique, mais sans savoir sous quel état il se présente.

Pour rechercher si c'est à l'état soluble dans l'eau, on opère exactement comme il vient d'être dit, avec cette différence que l'engrais est traité non par l'acide azotique, mais par de l'eau seulement. Dans la solution aqueuse, le nitromolybdate d'ammoniaque décèlera la présence de l'acide phosphorique.

Quant à l'acide phosphorique soluble au citrate, le mieux, pour le découvrir, est d'opérer comme si l'on voulait faire un dosage de l'acide phosphorique soluble au citrate.

Le nitromolybdate d'ammoniaque se prépare en dissolvant 100 grammes d'acide molybdique dans 400 grammes d'ammoniaque à 0,95 de densité et en ajoutant la solution obtenue, par petites portions et en agitant constamment, à 1 kilogr. 5 d'acide azotique pur à 1,2 de densité.

Recherche qualitative de l'ammoniaque. — **1** à **2** grammes d'engrais sont traités par **4 à 5** centimètres cubes d'eau ; on laisse déposer et on prélève une partie du liquide surnageant, qu'on introduit dans un tube à essai avec un peu de potasse. En chauffant, il se dégage de l'ammoniaque qu'on reconnaît à l'odeur ou au bleuis-

sement que subit un papier de tournesol rouge, humecté
d'eau, qu'on présente à l'orifice du tube, ou encore aux
fumées blanches qui se produisent lorsqu'on approche
une baguette imprégnée d'acide chlorhydrique.

Recherche qualitative de l'acide nitrique. — Quelques
décigrammes d'engrais sont placés dans un tube à essai
avec un peu de limaille de cuivre, humectés d'un peu
d'eau et additionnés de 3 à 4 centimètres cubes d'acide
sulfurique. En chauffant, on voit se produire des vapeurs
rutilantes.

On peut encore employer le réactif de Desbassyns de
Richemont, qui est d'une très grande sensibilité. Quelques
centigrammes de matière sont traités par cinq ou six
gouttes d'eau ; on laisse déposer après avoir trituré avec
un agitateur. D'un autre côté on met 4 à 5 centimètres
cubes du réactif de Desbassyns et, avec un agitateur, on
prélève une goutte du liquide à examiner, qu'on laisse
tomber à la surface du réactif, qui s'entoure d'un anneau
rose s'il y a du nitrate. En agitant, tout le liquide prend
une teinte rosée. Il est indispensable de n'ajouter qu'une
seule goutte ; si l'on en mettait davantage, la réaction
disparaîtrait immédiatement.

Le réactif de Desbassyns se prépare en ajoutant un peu
de sulfate de protoxyde de fer, finement pulvérisé, à de
l'acide sulfurique pur et incolore, qu'on a fait bouillir au
préalable pour le débarrasser de produits nitreux.

Recherche qualitative de l'azote organique. — Lorsqu'il
n'y a pas de sels d'ammoniaque en présence, il est facile
de reconnaître l'azote organique en chauffant au rouge
sombre, dans un tube bouché par un bout, un mélange de
quelques décigrammes de matière et de quelques
grammes de chaux sodée ; les vapeurs ammoniacales qui

se dégagent se reconnaissent facilement. Mais, s'il y avait en même temps dans le produit examiné des sels ammoniacaux, il faudrait au préalable éliminer ceux-ci par des lavages à l'eau et traiter ensuite par la chaux sodée le résidu lavé et desséché.

III. — ÉCHANTILLONNAGE DES ENGRAIS

Prise d'échantillon. — Les engrais peuvent se présenter sous des formes variables : tantôt ils sont pulvérulents, tantôt en masses agglomérées ou pâteuses, tantôt en morceaux durs ou débris plus ou moins gros, tantôt à l'état de pâte plus ou moins liquide, plus ou moins homogène, tantôt enfin à l'état d'un liquide fluide.

Lorsque les engrais sont pulvérulents, et c'est le cas le plus général, leur prise d'échantillon n'offre pas de difficultés.

Quand ils sont en sacs, on prendra, à l'aide d'une sonde suffisamment longue, l'échantillon dans le sac lui-même, en procédant de la manière suivante : on ouvre un des angles du sac et l'on y plonge la sonde en la dirigeant en diagonale vers l'angle opposé ; on répète la même opération successivement sur chacun des quatre angles du sac ; mais, lorsque le lot est considérable, il faut répéter la même opération sur un certain nombre de sacs pris au hasard. On réunit tous les produits de ces prélèvements, on les place sur une toile ou sur un papier, et on les remue à la main ou avec une spatule, assez longtemps pour que l'homogénéité puisse être regardée comme parfaite ; une partie de ce mélange, représentant 300 à 400 grammes, est placée dans un flacon de verre qu'on bouche avec un bon bouchon de liège.

Lorsque les engrais pulvérulents sont en tonneaux, on perce les deux fonds du tonneau de deux trous au moyen d'une vrille ; ce trou doit être assez grand pour qu'on puisse y introduire la sonde, ce qu'on fait en s'éloignant autant que possible de l'axe du tonneau. Le mélange se fait d'ailleurs comme précédemment.

Lorsque l'engrais est en tas, on peut également se servir de la sonde pour y prélever l'échantillon moyen ; mais il faut avoir soin de faire pénétrer cet instrument jusque dans les parties centrales du tas, de même que jusque dans les parties inférieures. Si le tas est trop volumineux pour qu'on puisse arriver à ce résultat, le meilleur moyen consiste à faire une tranchée vers le centre du tas et à prélever ensuite dans un grand nombre de points placés dans les diverses parties du tas, en y comprenant ceux que la tranchée a rendus libres, les échantillons au moyen de la sonde.

Lorsque l'engrais est en masse pâteuse et compacte et qu'il se trouve en sacs ou en tonneaux, il est indispensable de vider plusieurs sacs pris au hasard, sur un plancher ou sur des dalles préalablement balayées ; on mélange alors à la pelle le tas obtenu, et l'on prélève, en différents points de ce tas, des pelletées de l'engrais. Ce nouvel échantillon formé est divisé et mélangé, pulvérisé ou concassé, autant que possible, à l'aide d'une batte ou d'un marteau ; on mélange finalement à la main cette matière plus ou moins pulvérulente, et on l'introduit dans un flacon ou dans une boîte métallique.

Quand l'échantillon est primitivement en tas, on procède de la même manière, en pratiquant une tranchée comme il a été expliqué plus haut.

On ne doit dans aucun cas, dans l'une ou l'autre de ces opérations, éliminer les pierres ou les parties étrangères de l'engrais ; elles doivent entrer dans l'échantillon prélevé, dans une proportion autant que possible égale à celle dans laquelle elles existent dans l'engrais.

Les matières peu homogènes, rognures, chiffons, etc., sont disposées en tas et bien mélangées à la pelle ; sur ce mélange, on prélève, à la main, dans un très grand nombre d'endroits, une poignée de matière ; on réunit le produit de tous ces prélèvements, qu'on mélange à nouveau avec la main et sur lequel on prend finalement l'échantillon destiné à l'analyse.

Moins la matière est homogène, plus considérable devra être l'échantillon destiné à l'analyse ; dans quelques cas, il faut prélever jusqu'à 3 à 4 kilogrammes de matière. Cet échantillon est introduit dans une boîte métallique ou dans une caisse en bois hermétiquement fermée.

Les engrais qui sont en pâte plus ou moins liquide (par exemple les vidanges) peuvent présenter deux cas : ou bien ils sont homogènes, et alors il suffit de les mélanger à la pelle et d'en remplir un flacon ; ou bien ils se séparent en deux parties, l'une plus fluide, l'autre plus consistante ; dans ce cas, il est indispensable de prélever de l'une et de l'autre dans une proportion égale à la proportion dans laquelle elles existent dans le lot à examiner.

Les parties liquides sont remuées, et aussitôt, sans laisser le temps de déposer, on en prélève une quantité proportionnelle.

Les parties solides sont divisées à la bêche ; on y prélève un échantillon également proportionnel, et l'on réunit les deux lots dans un grand flacon à large goulot hermétiquement bouché.

Préparation de l'échantillon au laboratoire. — La prise d'échantillon est une opération qui a autant d'importance que l'analyse elle-même ; il convient d'y apporter les soins les plus minutieux, aussi bien dans l'échantillonnage sur place que dans la préparation de l'échantillon au laboratoire.

Cette dernière opération doit consister à donner une homogénéité parfaite au produit soumis à l'examen, et dans aucun cas, même alors que celui-ci paraît homogène, on ne doit se dispenser d'en opérer le mélange parfait. La manière de procéder variera avec la nature de l'engrais. Si celui-ci n'est pas pulvérulent, il faut le pulvériser dans la limite du possible, et opérer ensuite le mélange au mortier. Dans certains cas, comme celui des superphosphates, on a adopté l'usage de passer la matière à travers un tamis de 1 millimètre, en ayant soin de faire entrer dans l'échantillon, après pulvérisation, les parties grossières qui seraient restées sur le tamis.

Lorsque les matières sont trop pâteuses pour être divisées au mortier, on peut les diviser au moyen d'un couteau ou d'une spatule et ensuite opérer le mélange par une sorte de malaxage. On peut encore y incorporer un poids connu de matière pulvérulente inerte, comme par exemple du sable de Fontainebleau ; mais, dans ce cas, il faut procéder à un mélange très prolongé. On tiendra compte, dans le calcul, des quantités de matière inerte introduites.

Le plus souvent, l'état pâteux n'est dû qu'à l'humidité de la matière.

Dans ce cas, on en prend un échantillon volumineux qu'on pèse et qu'on dessèche ; on rentre alors dans le cas des engrais pulvérulents, mais il faut tenir compte dans le calcul de l'humidité enlevée. Avant cette opération, il convient de s'assurer que le produit n'est pas modifié par la dessiccation, comme le seraient par exemple, des superphosphates. Pour ces derniers, qui sont souvent à l'état plus ou moins aggloméré, il est quelquefois bon d'introduire dans leur masse, pour les diviser une certaine quantité de sulfate de chaux ; on obtient alors une substance de nature pulvérulente.

Pour les rognures, débris, chiffons, etc., en un mot

pour les engrais très peu homogènes, il faut les diviser, autant que possible, à l'aide de ciseaux, de mortiers ou de moulins. On mélange alors à la main, mais on n'arrive jamais à l'homogénéité complète. Pour obvier à cet inconvénient, on prélève pour l'analyse une quantité plus considérable de matière.

Pour les engrais en pâte plus ou moins liquide, on les dessèche au préalable à 100°, en y introduisant un peu d'acide oxalique, dans le cas où ils contiendraient des combinaisons ammoniacales volatiles. Le produit de la dessiccation est passé au moulin.

Cependant, avant de procéder à une dessiccation, on doit s'assurer qu'aucune modification ne peut être apportée dans la composition de l'engrais. Ainsi, dans le cas d'un mélange contenant du superphosphate et du nitrate, la dessiccation pourrait éliminer de l'acide nitrique, si l'on n'avait pas soin de neutraliser au préalable le phosphate acide par une base, telle que la chaux.

Pour un engrais contenant à la fois des nitrates et des combinaisons ammoniacales volatiles, l'addition d'acide oxalique pourrait également éliminer de l'acide nitrique pendant la dessication. Il faut dans ce cas dessécher deux lots, l'un avec de l'acide oxalique pour le dosage de l'ammoniaque, l'autre sans acide oxalique pour le dosage du nitrate.

Le dosage de l'humidité initiale, même dans les engrais pulvérulents, est utile à pratiquer chaque fois qu'on a à faire subir un maniement prolongé à l'air, car ce maniement pourrait entraîner une dessication partielle et la composition de l'engrais se trouverait modifiée. La détermination préalable de l'humidité met à l'abri de cette cause d'erreur.

L'analyse qualitative doit donc précéder toutes les opérations, puisque c'est elle qui nous fixera sur les procédés à employer, tant pour la préparation de l'échantillon que pour le dosage.

Le chimiste devra apporter le plus grand soin à ces opérations préliminaires et discuter dans chaque cas la marche à suivre.

IV. — DOSAGE DE LA POTASSE

1° DOSAGE DE LA POTASSE DANS UN CHLORURE DE POTASSIUM PAR L'ACIDE PERCHLORIQUE

(Méthode de M. Schloesing.)

Le chlorure de potassium est l'engrais potassique le plus communément employé; la potasse est le seul élément qu'il soit utile d'y doser.

On dissout dans l'eau 50 grammes de chlorure à essayer; on étend la solution à un litre et on la rend homogène; à l'aide d'une pipette graduée on prélève 20 centimètres cubes de cette solution qui correspondent à 1 gramme de matière. On ajoute goutte à goutte une solution saturée de nitrate de baryte, et l'on s'arrète exactement au moment où une goutte de réactif ne produit plus de trouble dans la liqueur; pour bien saisir le moment où il faut s'arrêter, on verse la goutte le long de la paroi du vase en regardant si, à l'endroit du contact des deux liquides, il ne se forme plus de nuage. Si l'on attend quelques instants avant chaque addition de nitrate de baryte, il est facile de saisir le point précis auquel il faut s'arrêter. On précipite ainsi l'acide sulfurique qui se trouve toujours dans les chlorures. On évite avec soin de mettre plus de baryte qu'il n'est nécessaire.

On verse alors, sans filtrer, dans une capsule à fond plat de 7 centimètres de diamètre, en lavant le vase à deux reprises avec quelques gouttes d'eau; puis on évaporc au bain de sable, jusqu'à ce que ce liquide soit concentré à 5 centimètres cubes environ.

On ajoute 5 centimètres cubes d'acide nitrique à deux ou trois reprises, en évaporant chaque fois à un petit volume, sans chauffer beaucoup, pour ne pas faire de vapeurs chloronitriques. On élimine ainsi le chlore qui pourrait donner naissance à des projections pendant la transformation en perchlorate. Pour être assuré de l'élimination complète du chlore, on condense les vapeurs de la capsule sur une lame de verre, et l'on y ajoute une goutte d'azotate d'argent. Si aucun précipité ne se produit, tout le chlore est enlevé.

Après la concentration, on ajoute dans la capsule une solution d'acide perchlorique. L'acide perchlorique qu'on emploie est étendu d'eau, de telle manière que 10 centimètres cubes de la solution contiennent 1 gr. 6 d'acide réel. En employant dans chaque dosage 10 centimètres cubes de cette solution, on est toujours sûr d'avoir une quantité suffisante d'acide perchlorique, celle-ci étant calculée de manière à pouvoir saturer 1 gramme de chlorure de sodium.

On s'assure que l'acide perchlorique qu'on emploie est exempt de traces de potasse ainsi que d'acide sulfurique.

On évapore à sec au bain de sable, en s'arrêtant lorsque les fumées blanches de l'acide perchlorique mis en excès ont cessé de se produire ; puis on arrose la matière avec cinq ou six gouttes d'eau pour empêcher la formation du sulfate de potasse qui eût pu se produire par une double décomposition entre le perchlorate de potasse et le sulfate de baryte ; on chasse cette eau par évaporation, et l'on ajoute, dans la capsule refroidie, 10 centimètres cubes d'alcool à 95°, qu'il est bon de saturer au préalable de perchlorate de potasse pur.

Au moyen d'une petite baguette de verre aplatie à un
bout, on écrase toute la masse cristalline de manière que
l'alcool l'imprègne complètement ; on laisse reposer et
l'on verse l'alcool de lavage sur un très petit filtre plat,
destiné à recueillir les particules solides qui pourraient
se trouver entraînées. Il est nécessaire, pour obtenir une
bonne filtration, de se servir de papier Berzélius. On
remet 5 centimètres cubes d'alcool dans la capsule, et
l'on procède de la même manière que précédemment, à
trois ou quatre reprises différentes ; puis, comme il pourrait rester encore dans l'intérieur des cristaux des sels
solubles dans l'alcool, et qu'il convient d'enlever, on
ajoute sur le résidu salin 5 centimètres cubes d'eau ; on
chauffe un bain de sable jusqu'à ce que cette eau soit de
nouveau évaporée, et l'on reprend une dernière fois par
quelques centimètres cubes d'alcool. Les perchlorates de
baryte, de soude, de chaux, etc., ont été enlevés par
l'alcool, dans lequel ils sont très solubles ; il ne reste
dans la capsule et sur le filtre qu'un mélange de perchlorate
de potasse et d'une petite quantité de sulfate de baryte
insoluble ; 25 à 30 centimètres cubes d'alcool sont en
général suffisants pour opérer le lavage ; mais, si l'on a
eu la précaution de saturer l'alcool de lavage, au préalable
de perchlorate de potasse, il n'y a aucun inconvénient à
pousser le lavage plus loin jusqu'à 40 à 50 centimètres
cubes.

Le perchlorate de potasse est soluble dans l'eau bouillante ; on met dans la capsule 20 centimètres cubes d'eau,
on chauffe presque à l'ébullition, au bain de sable, pendant cinq minutes, en évitant toute projection, et l'on jette
le liquide chaud sur le petit filtre qui a servi au lavage à
l'alcool ; les liqueurs sont reçues dans une petite capsule
de porcelaine à fond plat, qu'on a tarée préalablement.
On remet 5 centimètres cubes d'eau dans la première

capsule ; on fait bouillir, et l'on rajoute sur le filtre ; on répète à quatre ou cinq reprises les lavages à l'eau bouillante, chaque fois avec 5 centimètres cubes d'eau. Cette filtration a pour but d'éliminer les matières insolubles (silice, sulfate de baryte, etc.) qui souillaient le perchlorate.

On a évaporé à mesure le liquide filtré recueilli dans la capsule tarée, afin qu'elle pût contenir toutes les eaux de lavage.

Le perchlorate a une tendance à grimper le long des parois pendant l'évaporation, et il passe souvent ainsi sur les bords extérieurs de la capsule. On peut remédier à cet inconvénient en ajoutant dans la capsule, avant l'évaporation, deux ou trois gouttes d'acide perchlorique qui empêchent le perchlorate de déborder.

Quand l'évaporation est complète et que toute fumée blanche a disparu, on chauffe à 150° environ, pendant dix minutes. L'augmentation de poids de la capsule correspond au perchlorate de potasse, dont le poids multiplié par 0.339 donne le poids de la potasse contenue dans un gramme de sel essayé.

Quand les quantités d'acide sulfurique sont notables, il faut procéder comme s'il s'agissait d'un sulfate.

2° DOSAGE DE LA POTASSE DANS UN SULFATE DE POTASSE PAR L'ACIDE PERCHLORIQUE

(Méthode de M. Schlœsing).

50 grammes de sulfate de potasse sont versés dans un ballon jaugé d'un litre ; on ajoute 500 à 600 centimètres cubes d'eau bouillante. Lorsque la dissolution est faite, on laisse refroidir, on complète le volume à un litre d'eau et on rend homogène.

20 centimètres cubes de cette solution, correspondant

à 1 gramme de sel à essayer, sont versés dans un ballon d'environ 200 centimètres cubes ; on porte à l'ébullition et l'on ajoute, par petites portions, une solution de nitrate de baryte, aussi longtemps qu'une nouvelle addition fait naître un précipité. Lorsque la précipitation est complète, on filtre, on ajoute un petit excès de carbonate d'ammoniaque en poudre, destiné à précipiter la baryte mise en excès, et l'on porte à l'ébullition pendant quelques minutes ; on filtre à nouveau après avoir laissé déposer, et on lave à l'eau bouillante. La liqueur est évaporée au bain de sable à un petit volume, puis additionnée de 10 centimètres cubes d'eau régale faible, contenant 1/5 d'acide chlorhydrique seulement ; on évapore de nouveau presque à sec, en plaçant un entonnoir renversé sur la capsule, et l'on ajoute encore une fois, ou mieux deux fois, de l'eau régale, en chassant toujours celle-ci par l'évaporation ; les sels ammoniacaux sont ainsi éliminés. Finalement on traite une fois par l'acide azotique pour avoir le sel à l'état de nitrate ; on évapore à sec ; on additionne de 10 centimètres cubes d'acide perchlorique dilué, suivant la formule précédemment donnée.

On a évaporé à sec ; après élimination complète des vapeurs perchloriques en excès, on laisse refroidir, et on lave, comme il est dit à propos du chlorure de potassium, par de l'alcool fort, saturé de perchlorate de potasse, mais ici il n'y a comme résidu insoluble que le perchlorate ; on se contente de dissoudre par un fin jet d'eau bouillante le sel qui a été entraîné sur le filtre, et l'on reçoit ce liquide dans la capsule où est restée la plus grande partie du perchlorate ; on évapore à sec et l'on pèse.

Lorsqu'on a versé le nitrate de baryte avec précaution et que, par suite, on n'en a mis qu'un très léger excès, on peut se dispenser de l'emploi du carbonate d'ammoniaque et l'on abrège ainsi notablement l'opération. Mais, dans le cas du sulfate de potasse, il est difficile de s'arrêter juste au moment de la saturation de l'acide sulfurique.

Kaynite. — Lorsqu'on a affaire à la kaynite, qui contient beaucoup de sel de magnésie, on opère de la façon suivante : le liquide qui correspond à un gramme de matière est additionné d'un excès d'eau de baryte, qui précipite non seulement l'acide sulfurique, mais aussi la majeure partie de la magnésie. On fait bouillir, on filtre et on lave. Dans le liquide filtré, on ajoute du carbonate d'ammoniaque pour précipiter l'excès de baryte ainsi que la chaux, et on continue l'opération comme dans le cas précédent.

3° DOSAGE DE LA POTASSE, DANS UN ENGRAIS COMPLEXE, PAR L'ACIDE PERCHLORIQUE

20 grammes de matière sont lavés à l'eau chaude, de manière à compléter un volume de 200 centimètres cubes. On a ainsi mis en dissolution toute la potasse soluble à l'eau. Suivant la richesse présumée en potasse, on prend une fraction variable de cette solution. Pour les engrais riches en potasse, 20 centimètres cubes, correspondant à 2 grammes de matières ; pour les engrais pauvres, 100 centimètres cubes, correspondant à 10 grammes de matière.

On évapore à sec dans une capsule, et on calcine à très basse température, pour carboniser la matière organique.

On reprend par l'eau bouillante, et sans filtrer ; on ajoute par petites portions, aussi longtemps qu'il se forme un nouveau précipité, de l'eau de baryte dont on évite de mettre un excès considérable ; on sépare l'excès de baryte introduit au moyen d'une solution concentrée de carbonate d'ammoniaque ; on porte à l'ébullition, on filtre et on lave ; on évapore à un petit volume, puis on traite à plusieurs reprises par de l'acide nitrique additionné d'un cinquième d'acide chlorhydrique, en évaporant chaque fois, et l'on termine l'opération comme dans le cas d'un sulfate.

4° DOSAGE DE LA POTASSE A L'ÉTAT DE CHLORURE DOUBLE DE PLATINE ET DE POTASSIUM

Ce procédé de dosage classique fournit de bons résultats ; il est fondé sur la propriété que possède le bichlorure de platine de donner, avec les chlorures de potassium et de sodium des chlorures doubles de potassium et de sodium qu'il est facile de séparer, le chloroplatinate de potasse étant insoluble dans l'alcool, tandis que le chloroplatinate de soude y est soluble.

La première opération consiste à ramener la potasse et la soude à l'état de chlorures.

Soit le cas d'un engrais complexe. Il faut commencer par détruire la matière organique et les sels ammoniacaux par une calcination ou un grillage, mais en ayant soin de ne pas pousser la température trop loin, de peur de volatiliser de la potasse. Le produit de la calcination qui, suivant la richesse présumée de l'engrais, provient de 1 à 5 grammes de matière primitive, est traité par de l'eau chaude ; on ajoute à la solution, qu'il est inutile de filtrer au préalable, un léger excès d'eau de baryte, puis on filtre. Dans la solution filtrée, on ajoute du carbonate d'ammoniaque en excès ; on fait bouillir, on filtre de nouveau et l'on évapore à sec la solution claire dans une capsule de platine ; on ajoute 4 ou 5 grammes d'acide oxalique en poudre à la matière, de manière à recouvrir celle-ci : on humecte avec quelques gouttes d'eau pour encroûter l'acide oxalique au-dessus de la matière ; on recouvre d'un entonnoir qui pénètre de quelques millimètres dans la capsule ; on chauffe modérément au bain de sable en ajoutant de temps en temps quelques gouttes d'eau ; puis on chauffe plus fort au bain de sable jusqu'à ce que tout dégagement de gaz et de vapeurs ait cessé. Il se forme dans l'intérieur de la capsule des gaz réducteurs, notamment de l'oxyde de carbone, qui réagissent sur les azotates et achèvent de les transformer en carbonates. On n'a pas à craindre de pertes pendant cette opération, parce que l'acide oxalique, en se décomposant, tout en bouillant vivement, ne projette pas de matière. Il ne faut pas craindre à la fin de l'opération de porter la capsule jusqu'au rouge, qu'on maintient pendant quelques instants. On reprend par de petites quantités d'eau chaude ; on filtre ; la magnésie, le carbonate de chaux, etc., restent sur le filtre ; dans la solution filtrée, où les alcalis se trouvent à l'état de carbonates, on met de l'acide chlorhydrique ; on évapore à sec et l'on pèse le mélange des chlorures, auquel on ajoute une quantité connue de chlorure de platine ; on évapore au bain-marie, mais sans prolonger la dessication au delà de ce qui est nécessaire pour obtenir une masse pâteuse.

On calcule la quantité de bichlorure, de manière qu'elle soit suffisante pour saturer la quantité de sel pesé, que l'on considère comme étant du chlorure de sodium ; l'équivalent de la soude étant moins élevé que celui de la potasse, on est sûr, de cette manière, d'avoir un excès de chlorure de platine. La solution de chlorure de platine devra contenir, dans 100 centimètres cubes, 17 grammes de platine ; chaque centimètre cube de cette solution sera suffisant par décigramme du poids du résidu salin obtenu.

Le résidu est repris par de l'alcool à 95°, qu'on laisse

pendant quelque temps séjourner sur la matière, après avoir bien agité afin d'obtenir la précipitation complète du chloroplatinate. Cette digestion doit se faire sous une petite cloche à bords rodés et suiffés, reposant sous une plaque de verre dépolie. On empêche ainsi l'alcool de s'évaporer et de former sur les parois de la capsule des dépôts qui finissent par atteindre et dépasser le bord supérieur du vase.

On lave au moyen de l'alcool, en décantant les liqueurs sur un petit filtre placé lui-même dans un autre filtre d'un poids identique, qui lui sert de tare sur les deux plateaux d'une balance ; le lavage est prolongé jusqu'à ce que les liqueurs passent tout à fait incolores. On s'arrange, pendant le lavage, de manière à faire tomber sur le filtre toute la matière, en détachant avec une barbe de plume celle qui resterait dans la capsule ; on dessèche à une température ne dépassant pas 95°, et l'on pèse le chloroplatinate recueilli sur le filtre intérieur. On peut encore laisser la matière dans la capsule, où l'on fait tomber, au moyen d'un fin jet d'alcool, le chloroplatinate qui était entraîné sur le filtre. On pèse dans la capsule même, après dessiccation à 95°. La pesée doit se faire rapidement à cause de l'hygroscopicité de la matière.

Lorsqu'on a recueilli le précipité sur le filtre, il est prudent d'introduire celui-ci, au sortir de l'étuve, dans un étui en verre léger, bouché à l'émeri, en prenant la précaution de tarer cet étui avec un autre semblable, dans lequel on mettra le filtre vide. Le poids obtenu, multiplié par 0.193, donne la quantité de potasse correspondante.

5° DOSAGE DE LA POTASSE PAR LA MÉTHODE DE MM. CORENWINDER ET CONTAMINE

Cette méthode est rapide et exacte quand on la pratique avec tout le soin voulu. Elle s'applique en général aux sels de potasse. Mais il est utile de s'assurer au préalable que ceux-ci ne contiennent pas d'ammoniaque; si la présence de cette base était constatée, il faudrait chauffer au rouge le sel à essayer avant de procéder au dosage; les sels ammoniacaux sont ainsi éliminés; mais il faut éviter de pousser la température trop haut ou de la prolonger, de de crainte de volatiliser les sels de potasse.

On prend 25 grammes de sel à analyser; on calcine comme il vient d'être dit, dans le cas où il y a des sels ammoniacaux ou de la matière organique; on dissout à l'ébullition dans 600 ou 800 centimètres cubes d'eau, on laisse refroidir, et l'on amène le volume total à 1 litre; après avoir rendu le liquide homogène, on en filtre une partie; on prélève 20 centimètres cubes, correspondant à 5 décigrammes de matière; on acidule la liqueur par l'acide chlorhydrique; on évapore à sec et l'on pèse le résidu salin afin de savoir quelle quantité de bichlorure de platine il faut y ajouter pour que ce dernier soit en excès, comme il est expliqué à l'article précédent. On évapore le mélange dans une capsule à fond plat au bain-marie; la capsule est placée sur un rond métallique qui est lui-même séparé des bords du bain-marie par un gros rond de carton, destiné à empêcher le bichlorure de platine d'être chauffé au delà de 100°, température au-dessus de laquelle il pourrait se former un peu de sous-chlorure de platine, insoluble dans l'alcool.

On pousse l'évaporation jusqu'au moment où le produit a une consistance pâteuse et se prend en masse par le refroidissement : il faut éviter une dessiccation complète. Après le refroidissement, on laisse digérer pendant plusieurs heures avec 15 centimètres cubes d'alcool à 95°, en ayant soin de placer la capsule sous une petite cloche. On agite de temps en temps avec une baguette le contenu de la capsule; on décante le liquide surnageant sur un petit filtre ; on lave avec l'alcool jusqu'au moment où le liquide qui passe est tout à fait incolore.

On a ainsi obtenu, comme résidu insoluble, un mélange de chloroplatinate de potasse avec des quantités variables de phosphate de soude, de silice, d'oxyde de fer, etc. On dissout par l'eau bouillante la matière restée dans la capsule et on la verse sur le filtre ; on continue le lavage de la capsule et du filtre par l'eau bouillante, jusqu'au moment où tout le chloroplatinate est dissous, ce qu'on constate facilement par la décoloration du filtre. La solution de chloroplatinate est reçue dans une capsule bien vernissée et dans le vernis de laquelle il ne se trouve pas de stries. On chauffe au bain de sable jusqu'à l'ébullition, et l'on verse par très petites portions du formiate de soude dissous dans l'eau, tout en retirant la capsule du feu, pour éviter les projections. La réaction est assez vive ; le platine est réduit à l'état métallique. On ajoute du formiate de soude jusqu'à ce que le liquide soit complètement décoloré. On peut avantageusement remplacer la capsule par un vase en verre de Bohême, à bec, qu'on recouvre d'un verre de montre pendant la réaction. Non seulement on évite ainsi des pertes par projection, mais on est aussi à l'abri des inconvénients que présentent dans les capsules les stries, sur lesquelles le platine adhère fortement.

Le platine s'est précipité sous une forme de poudre noire ; pour le concréter, on ajoute 8 à 10 centimètres cubes d'acide chlorhydrique pur, et l'on chauffe au voisinage de l'ébullition pendant 15 à 20 minutes ; on verse sur un petit filtre, en y faisant tomber le platine avec de l'eau froide contenant 10 p. 100 d'acide chlorhydrique, et, lorsque tout le platine est réuni sur le filtre, on achève le lavage avec la même eau acidulée. Il peut arriver que le platine passe à travers le filtre, ce qu'on remarque à la teinte d'un gris métallique que prend le liquide filtré ; il faut alors laisser déposer ce liquide du jour au lendemain, décanter la partie surnageante et ajouter sur le filtre le dépôt noir qui s'est formé, en employant encore de l'eau acidulée pour le lavage ; mais cet inconvénient ne se produit que lorsque le liquide n'a pas été suffisamment chauffé pour concréter le platine ; il faut donner une grande attention à cette opération.

Le filtre est séché et calciné, on obtient ainsi le poids du platine correspondant à celui de la potasse (100 de platine équivalent à 47,57 de potasse). Le procédé s'applique au chlorure de potassium, aux salins, aux potasses raffinées et aux engrais complexes.

V. — DOSAGE DE L'AZOTE SOUS SES DIVERS ÉTATS

1° DOSAGE DE L'AZOTE ORGANIQUE PAR LA CHAUX SODÉE DANS UN ENGRAIS RICHE NE CONTENANT PAS DE NITRATE

L'azote qui se trouve à l'état organique dans les engrais se transforme en ammoniaque lorsqu'on chauffe la matière avec de la chaux sodée. Cette réaction est la base du procédé d'analyse dont il est ici question. La présence des nitrates ne permet pas l'emploi de cette méthode.

Dans un tube de vert, bien nettoyé et fermé par un bout, long de 35 à 40 centimètres, on met d'abord, sur une longueur de 2 centimètres, de l'oxalate de chaux, puis, sur 5 centimètres de longueur, de la chaux sodée en petits fragments, et l'on y introduit un mélange, dans un mortier, de 50 centigrammes de matière à analyser avec de la chaux sodée réduite en poudre grossière ; ce mélange ne doit pas occuper une longueur de plus de 12 à 15 centimètres dans le tube. Au moyen de petites quantités de chaux sodée, on lave le mortier et la main de cuivre qui a servi à l'introduction de la matière, puis on achève de remplir le tube, jusqu'à 3 centimètres de l'extrémité, par

de la chaux sodée en petits fragments. On bouche au
moyen d'un tampon d'amiante assez serré pour empêcher
tout entraînement de la chaux sodée par le dégagement
gazeux ; on essuie soigneusement avec un papier le bord
intérieur du tube et l'on bouche avec un bouchon de liège,
puis on enroule autour du tube une bande de clinquant,
en laissant libres les deux extrémités du tube sur une longueur de 4 centimètres ; on fixe le clinquant au moyen de
fils de cuivre tordus, et l'on remplace le bouchon de liège
par un bouchon de caoutchouc, portant un tube à gaz
recourbé à angle droit et étiré à sa partie la plus longue.
On place le tube sur une grille à gaz ou à charbon, puis
on engage l'extrémité étirée du tube abducteur dans un
tube à essai où l'on met 10 centimètres cubes de liqueur
acide normale, en même temps qu'on colore par une
quantité constante de teinture de tournesol ; la partie
effilée doit plonger jusqu'au fond du tube à essai. On peut
encore employer un tube à boules de Will et Warrentrapp,
mais l'usage de ce tube ne nous paraît pas commode.

On commence à chauffer l'extrémité ouverte du tube ;
lorsque cette partie est rouge, on avance progressivement
vers la partie où se trouve la matière, en allumant les becs
ou en approchant les charbons, de manière à obtenir un
dégagement de bulles qui soit régulier et pas trop précipité. On continue ainsi jusqu'à ce que toute la matière
soit décomposée, en chauffant de manière que le tube
arrive à la température du rouge sombre, qu'il faut maintenir jusqu'à la fin de l'opération, mais sans la dépasser.
Finalement, lorsque le dégagement de gaz a presque
cessé, on élève la température du tube au rouge vif et l'on
commence à chauffer peu à peu la partie dans laquelle se
trouve l'oxalate de chaux destiné à fournir de l'hydrogène,
qui chasse les dernières traces d'ammoniaque. Lorsque
tout dégagement de gaz a cessé, on dirige au moyen d'une

pissette un jet d'eau froide sur la partie antérieure du tube, en tenant à la main le tube abducteur et le tube à essai. Le tube en verre vert se brise ; on détache le bouchon ; on lave le tube abducteur à l'intérieur et à l'extérieur, en recevant les eaux de lavage dans le tube à essai. Tout le liquide est ensuite transvasé dans un verre à dosage ; on lave et l'on procède au titrage au moyen de la liqueur de potasse, comme s'il s'agissait de doser l'ammoniaque. On prend de même le titre de 10 centimètres cubes d'acide normal et l'on fait le calcul comme il sera expliqué au sujet du dosage de l'ammoniaque.

Il arrive que, lorsque l'engrais contient des sels ammoniacaux, une partie de l'ammoniaque se dégage pendant qu'on fait le mélange dans le mortier. Dans ce cas, il faut procéder très rapidement et avoir d'avance la chaux sodée toute pulvérisée. Pour plus de sûreté, on peut triturer la matière avec quelques cristaux d'acide oxalique, avant de la mêler à la chaux sodée.

Il serait préférable de doser d'abord l'ammoniaque toute formée, en la déplaçant par la magnésie, et d'opérer ensuite sur le résidu pour le dosage de l'azote organique par la chaux sodée ; mais on allongerait ainsi de beaucoup le dosage. Les précautions que nous avons indiquées pour éviter les pertes d'ammoniaque sont suffisantes.

Souvent l'échantillon sur lequel on opère n'est pas sec, et il faut au préalable l'amener à l'état de siccité ; mais, si cette dessiccation était faite sans précaution spéciale, on pourrait perdre par volatilisation de l'ammoniaque libre ou carbonatée ; tel serait le cas du fumier de ferme, du purin, etc. On évite cet inconvénient en ajoutant à la matière assez d'acide oxalique en poudre pour donner une réaction fanchement acide à la masse ; l'ammoniaque se trouve ainsi fixée à l'oxalate. On tient compte, dans le

poids de la matière employée pour l'analyse, du poids de
l'acide oxalique ajouté.

Préparation de la chaux sodée. — Dans une terrine en
grès, on met 600 grammes de chaux éteinte en poudre et
l'on verse dessus une solution de 260 grammes de soude
caustique dans 250 centimètres cubes d'eau. On fait une
pâte qu'on introduit dans un creuset en terre et qu'on
chauffe au rouge ; on fait sortir la matière encore chaude
du creuset ; on la concasse rapidement dans un mortier
de cuivre, de manière à avoir des grains de la grosseur
d'un pois environ et qui ne sont pas trop mélangés de
poudre. On enferme cette matière encore chaude dans un
flacon bien bouché.

Préparation de l'oxalate de chaux. — Dans une petite
bassine de cuivre, on met 100 grammes d'acide oxalique ;
on y ajoute, en faisant bouillir, assez d'eau pour tout dissoudre ; puis on y jette par petites portions de la chaux
éteinte en poudre, en remuant constamment, jusqu'à ce
que le papier de tournesol indique qu'il y a de la chaux en
excès ; on évapore d'abord à feu nu en agitant fortement,
puis on achève la dessiccation au bain de sable ; on met
la matière desséchée dans un flacon bien bouché.

2° DOSAGE DE L'AZOTE ORGANIQUE DANS UN ENGRAIS PAUVRE
EN AZOTE NE CONTENANT PAS DE NITRATE

Le dosage par la chaux sodée s'effectue facilement sur
les engrais qui ne contiennent pas de nitrate ; c'est le cas
que nous supposons encore ici, mais en considérant un
engrais moins riche en azote que le précédent. On opère
sur un gramme de matière ; on procède exactement
comme à l'article précédent, avec cette seule différence

qu'on substitue à l'acide titré normal l'acide titré décime
et qu'on se sert d'eau de chaux pour faire la saturation de
l'acide. Il peut arriver que l'engrais soit plus riche en azote
qu'on ne pensait et, par 'suite, les 10 centimètres cubes
d'acide décime pourraient se trouver saturés complètement, ce qui occasionnerait une perte d'ammoniaque ;
dans ce cas, aussitôt que le tournesol vire au bleu, il faut
ajouter 10 autres centimètres cubes d'acide décime et
achever l'opération comme précédemment. On tient
compte par le calcul des 10 centimètres cubes d'acide
décime ajoutés en plus.

3° DOSAGE DE L'AZOTE DANS LES SUBSTANCES PEU HOMOGÈNES ET DIFFICILES A PULVÉRISER

(Procédé de M. Grandeau.)

Il peut arriver que l'engrais azoté soit en morceaux difficiles à diviser et de nature différente : tel est le cas des
déchets de drap, de cuir, de laine, etc. Il est alors impossible d'obtenir un mélange homogène sur lequel on puisse
prélever la quantité de matière destinée à l'analyse. Dans
ce cas, on traite, dans une capsule de porcelaine,
50 grammes de la matière à analyser par une quantité
d'acide sulfurique concentré suffisante pour imprégner
toute la masse ; on chauffe au bain de sable en remuant
fréquemment jusqu'à ce que la désagrégation soit complète. Alors on ajoute par petites portions de la craie finement pulvérisée, jusqu'à ce qu'on ait obtenu une masse
solide, qu'on broie dans un mortier et qu'on mélange
avec soin. On n'a pas saturé complètement l'acide par la
craie, de sorte que, pendant la manipulation, il ne peut se
produire aucune déperdition d'ammoniaque. On prend le
poids de la poudre ainsi obtenue, dont on pèse la cinquan-
tième partie pour l'analyse ; on opère ainsi sur une matière
correspondant à 1 gramme de l'engrais à essayer. Cette

partie est traitée par la chaux sodée comme s'il s'agissait d'un dosage ordinaire ; là encore, suivant la richesse supposée de l'engrais, on emploie l'acide sulfurique titré normal ou l'acide décime. Cette méthode ne serait pas applicable au cas où il y aurait des nitrates.

Dans le cas où l'on opérerait le dosage par le procédé Kjeldahl, on ne saturerait pas l'acide, mais on prendrait une fraction déterminée, soit par exemple 1/50 de la bouillie acide obtenue, correspondant à 1 gramme de matière.

4° DOSAGE DE L'AZOTE SOUS LES TROIS ÉTATS DANS UN ENGRAIS COMPLEXE

Le cas se présente fréquemment, dans la pratique, d'avoir à déterminer, dans un même engrais l'azote à l'état de nitrate, à l'état d'ammoniaque et à l'état d'azote engagé dans des combinaisons organiques. Le dosage de l'azote en bloc ne pourrait se faire qu'au moyen de la méthode qui consiste à mesurer l'azote en volume. Le procédé ordinaire par la chaux sodée ne donnerait que des indications erronées.

Il est souvent nécessaire de séparer ces diverses formes de l'azote pour les doser isolément, d'autant plus que, leur valeur commerciale n'étant pas la même, il est indispensable, pour fixer le prix de l'engrais, de connaître la proportion de chacune d'entre elles.

A. *Dosage de l'azote nitrique.* — On prend 66 grammes de matière qu'on triture dans un mortier, avec un peu d'eau ; on épuise par l'eau en décantant la liqueur dans un ballon jaugé d'un litre, et en lavant le résidu un grand nombre de fois, jusqu'à ce qu'on ait complété le volume d'un litre ; tout le nitrate est en dissolution : on le dose comme il est expliqué au paragraphe traitant de l'analyse des nitrates.

B. *Dosage de l'ammoniaque.* — On introduit 1 gramme d'engrais dans l'appareil à distillation de M. Schlœsing; on y ajoute 200 centimètres cubes d'eau et 1 gramme de magnésie calcinée; on distille en recueillant dans l'acide sulfurique titré. Si l'engrais est riche en ammoniaque, on emploie l'acide titré normal; s'il est pauvre, on emploie l'acide au dixième.

C. *Dosage de l'azote organique.* — L'azote organique se trouve généralement dans les engrais en même temps à l'état soluble et à l'état insoluble. On dose cet azote sous une seule forme; mais, comme il y a lieu, pour pouvoir opérer ce dosage, d'éliminer complètement les nitrates, on perdrait l'azote organique soluble si l'on procédait par des lavages à l'eau.

Voici comment il convient de procéder. Dans une capsule à fond plat de 9 centimètres de diamètre, on met 2 grammes d'engrais à essayer; on y ajoute 10 centimètres cubes de liqueur de protochlorure de fer et 10 centimètres cubes d'acide chlorhydrique; on recouvre la capsule d'un entonnoir pour éviter les projections et, l'on porte rapidement à l'ébullition, qu'on maintient jusqu'à ce que les vapeurs nitreuses soient complètement éliminées. Puis on évapore à sec, au bain de sable, en s'arrêtant au moment où les vapeurs acides cessent de se dégager; il est important de ne pas prolonger inutilement l'action du feu, afin de ne pas volatiliser les sels ammoniacaux. Puis on ajoute dans la capsule 4 grammes de craie pulvérisée; on mélange la masse de manière à obtenir une poudre qui se détache facilement et on enlève soigneusement la matière de la capsule. Cette matière est

introduite dans le tube à chaux sodée ; comme elle est
assez volumineuse, il y a lieu d'employer un tube de 40 à
45 centimètres de longueur. Cette manœuvre doit se faire
très rapidement, afin qu'il n'y ait aucune perte d'ammoniaque par volatilisation. On conduit l'opération comme
dans un dosage ordinaire. Dans ces traitements, on n'a
pas éliminé l'ammoniaque ; l'azote trouvé représente donc
la somme de l'azote organique et de l'azote ammoniacal.
Comme on a déterminé ce dernier isolément, on le retranche du chiffre trouvé dans cet essai et l'on obtient ainsi
l'azote qui existe à l'état organique.

5° DOSAGE DE L'AZOTE PAR LA MÉTHODE KJELDAHL

Cette méthode se recommande par la rapidité de son
exécution et par la facilité avec laquelle on peut mener
de front un grand nombre de dosages.

Le principe est le suivant : transformation de l'azote
organique en azote ammoniacal, au moyen de l'acide
sulfurique additionné soit de sulfate de cuivre déshydraté,
soit d'oxyde rouge de mercure, soit plutôt de mercure
métallique, ajoutés dès le commencement ; on distille
ensuite le liquide avec une lessive de soude libre de toute
trace de carbonate, obtenue par l'ébullition avec de la
baryte hydratée ; le dosage de l'ammoniaque se fait de
la manière habituelle à l'aide d'acide sulfurique titré.

Cette méthode n'est pas applicable aux cas où l'on se
trouve en présence de quantités appréciables de nitrates.

L'attaque par l'acide se fait dans des ballons de 200 à
250 centimètres cubes de capacité ; on introduit la matière, 5 décigrammes ou 1 gramme, et l'on ajoute 1 gramme
environ de mercure métallique, ou encore 2 ou 3 grammes
de sulfate de cuivre sec en poudre. Pour mettre la quantité
voulue de mercure, il est commode de se servir d'un

tube capillaire jaugé une fois pour toutes. On verse sur le tout 20 centimètres cubes d'acide sulfurique pur et monohydraté. On commence par chauffer doucement, puis plus fort ; on maintient l'ébullition jusqu'à ce que le liquide soit devenu tout à fait limpide. Il n'est pas indispensable que la décoloration de l'acide soit complète, mais la limpidité doit être parfaite. Une demi-heure à trois quarts d'heure d'ébullition sont, en général, suffisants pour la transformation intégrale de l'azote en ammoniaque.

Le liquide étant devenu tout à fait clair. on le laisse refroidir ; on y ajoute avec précaution un peu d'eau, puis en plus ample quantité, jusqu'à ce qu'on ait mis 100 centimètres cubes.

On agite convenablement, afin de faire dissoudre complètement le sel de mercure qui a pu rester au fond, et l'on transvase dans le ballon de distillation, en lavant à différentes reprises.

Les ballons de distillation sont d'une contenance de près d'un litre.

On ajoute au liquide de la lessive de soude en quantité telle qu'elle soit en excès sur l'acide sulfurique. On a ainsi 200 à 250 centimètres cubes de liquide final. Il convient de mettre, en outre, 3 ou 4 centimètres cubes d'une solution saturée de sulfure de sodium, destinée à précipiter le mercure à l'état de sulfure et à empêcher ainsi la formation d'une combinaison difficilement décomposable entre le mercure et l'ammoniaque.

La saturation par la soude met l'ammoniaque en liberté ; il faut se hâter d'adapter le ballon à l'appareil à distiller, afin d'éviter toute perte d'ammoniaque.

Il convient d'ajouter un peu de zinc en grenaille, pour avoir, par le dégagement d'hydrogène, une ébullition plus tranquille, et l'on distille en recueillant l'ammoniaque qui se dégage dans l'acide sulfurique titré. Pour éviter que des projections n'entraînent de la soude dans le liquide distillé, on se sert de l'appareil de M. Schlœsing. On peut avantageusement donner à cet appareil la forme adoptée par M. Aubin.

Lorsque le produit à analyser contient des nitrates, on peut se débarrasser de ceux-ci en chauffant la matière avec du protochlorure de fer additionné d'acide chlorhydrique et en évaporant jusqu'à sec; cette opération peut se faire dans le ballon même où se fera ensuite l'attaque par l'acide sulfurique.

Il y a lieu de faire une correction pour les traces d'ammoniaque que pourrait contenir l'acide sulfurique employé; cette correction est faite, une fois pour toutes pour le même acide, par un dosage à blanc; elle est ordinairement très faible. Il est indispensable que l'acide sulfurique soit exempt de composés nitrés; une ébullition prolongée élimine complètement ces derniers. Il est indispensable aussi que la lessive de soude soit exempte de nitrates, et l'on doit vérifier l'absence de ces produits.

Dans l'attaque de la matière, on peut substituer au mercure ou au sulfate de cuivre 20 grammes de sulfate de potasse pulvérisé. On évite ainsi l'emploi du sulfure de sodium; mais l'attaque se fait plus lentement.

6° DOSAGE DE L'AMMONIAQUE DANS UN SULFATE D'AMMONIAQUE AU MOYEN DE L'APPAREIL DE M. SCHLOESING.

Le dosage de l'ammoniaque s'effectue toujours en chassant cette base au moyen d'une base fixe et en distillant; l'ammoniaque est recueillie dans un acide titré, dont le degré de saturation mesure la proportion de l'alcali volatil.

On pèse 25 grammes de sulfate à essayer; on les dissout dans de l'eau ; on amène le volume à un litre. On prend 20 centimètres cubes de cette dissolution, correspondant à 5 décigrammes de sulfate, au moyen d'une pipette jaugée ; on les introduit dans le ballon à col étiré de l'appareil, on ajoute 140 centimètres cubes d'eau et 2 grammes de chaux éteinte ou une dissolution équivalente de soude ou de potasse. Le ballon communique, au moyen d'un court tube de caoutchouc, avec un serpentin de verre ascendant se reliant à un réfrigérant. Le réfrigérant porte un tube étiré, à boule, dont l'extrémité plonge de 1 à 2 millimètres au plus dans 10 centimètres cubes d'acide sulfurique titré normal contenus dans un petit ballon. L'appareil étant ainsi disposé et l'eau circulant dans le réfrigérant, on chauffe le ballon de manière à porter à l'ébullition ; l'ammoniaque se dégage d'abord et se combine à l'acide sulfurique titré ; il peut arriver que, par suite d'une absorption trop rapide de l'ammoniaque, la liqueur acide monte dans le tube ; mais la boule étant suffisante pour la contenir, cela n'a pas d'inconvénient. On continue à chauffer de manière à distiller lentement une certaine quantité d'eau destinée à chasser les dernières traces d'ammoniaque. Quand la quantité d'eau distillée a atteint 60 à 80 centimètres cubes on détache de l'appareil le tube à boule et, ensuite seulement, on arrête le feu ; on lave le tube à boule à l'intérieur et au bout extérieur, avec de petites quantités d'eau qu'on fait tomber dans le ballon. Puis on titre à l'aide d'une solution alcaline.

Préparation de l'acide sulfurique titré. — Dans une capsule de platine, on met de l'acide sulfurique distillé pur ; on le porte à l'ébullition, qu'on maintient pendant au moins une demi-heure, puis on laisse refroidir la capsule sous une cloche rodée, pour éviter l'absorption de toute trace d'humidité. La capsule sera placée sur un trépied en fer afin d'éviter que la plaque de verre sur laquelle se trouve la cloche ne soit cassée par la température de la capsule. L'acide étant refroidi, on en verse rapidement dans un ballon bouché à l'émeri, taré sur la balance de précision, environ 50 centimètres cubes ; on bouche immédiatement et l'on en prend le poids. Celui-ci étant obtenu, on verse l'acide dans un ballon jaugé, en lavant de manière à entraîner tout l'acide qui avait été pesé. Le volume auquel on amènera la liqueur sera tel que 61 gr. 25 d'acide sulfurique soient amenés exactement à 1 litre ; on étendra donc la solution de manière à obtenir cette concentration. On appelle cette liqueur : *liqueur acide normale.* Le liquide ainsi obtenu est mélangé avec soin et conservé dans un flacon bouché à l'émeri.

Comme le verre a souvent une réaction alcaline et qu'une partie de l'acide pourrait être saturée par cette alcalinité du verre, il convient de choisir des flacons dans lesquels a séjourné pendant longtemps de l'acide sulfurique concentré.

En donnant cette formule par la préparation des acides titrés, nous n'entendons pas dire que c'est la seule qu'on puisse employer. Elle nous a semblé convenable pour l'emploi. Mais tout autre acide titré conduit au même résultat, à la condition de renfermer une proportion d'acide rigoureusement connue.

Préparation de la liqueur acide décime. — 100 centimètres cubes d'acide sulfurique titré normal sont versés dans une carafe jaugée de 1 litre ; on complète le volume à 1 litre avec de l'eau distillée préalablement bouillie.

Préparation de la solution de potasse. — On dissout 100 grammes de potasse dans 3 lit. 600 d'eau et l'on ajoute 50 grammes de chaux éteinte. Après dissolution et contact de quelques heures, on filtre dans un flacon bien bouché.

Préparation de l'eau de chaux. — On met 200 à 300 grammes de chaux éteinte dans un flacon bouché de 5 litres ; on remplit avec de l'eau ; on agite, et, après avoir laissé déposer, on jette l'eau qui a dissous les parties salines que la chaux pouvait contenir. On remet de nouvelle eau en agitant de temps en temps. Pour employer cette eau de chaux, on la filtre dans un flacon, en évitant autant que possible l'accès de l'air. On bouche au moyen d'un bouchon qui porte deux tubes étirés au bout et recourbés à l'angle droit : l'un sert à l'écoulement de l'eau de chaux, et l'autre à la rentrée de l'air. Ces deux tubes sont eux-mêmes bouchés au moyen d'un petit tube de caoutchouc muni d'un obturateur en verre.

Préparation de la magnésie. — On triture dans un mortier le carbonate de magnésie en pain du commerce, et l'on en fait une pâte homogène en l'additionnant successivement de petites quantités d'eau; on introduit cette pâte liquide dans un flacon avec de l'eau distillée, on décante de temps en temps la liqueur qui surnage en la remplaçant par de nouvelle eau distillée et en agitant fréquemment; cette opération a pour but d'enlever les alcalis qui sont généralement mélangés à ce produit et qui pourraient exercer une action sur les matières organiques azotées. On jette sur un entonnoir bouché par un tampon de coton; on laisse égoutter; on sèche à l'étuve; on introduit dans un creuset en terre, et l'on calcine pendant une heure au rouge peu intense. Le produit obtenu est conservé dans des flacons bien bouchés. Il est prudent d'en calciner la quantité nécessaire au dosage au moment même de l'emploi, afin de chasser les traces d'ammoniaque que la magnésie aurait pu absorber.

Recherche des sulfocyanures dans les sulfates d'ammoniaque. — Il arrive quelquefois que des sulfates d'ammoniaque, surtout ceux qui proviennent de la fabrication du gaz d'éclairage, contiennent du sulfocyanhydrate d'ammoniaque, corps excessivement vénéneux, pour les plantes aussi bien que pour les animaux. L'emploi de ce produit peut avoir dans les cultures un effet désastreux ; il faut donc rejeter complètement les substances qui en renferment. Il suffit de rechercher qualitativement la présence de ce composé : ou regardera comme impropre à l'usage agricole tout sulfate d'ammoniaque dans lequel on constatera sa présence. On dissout une petite quantité de sulfate d'ammoniaque dans l'eau ; on y ajoute quelques gouttes d'une solution étendue de perchlorure de fer, qui donne immédiatement une belle coloration rouge caractéristique.

7° DOSAGE DE L'AMMONIAQUE DANS UN ENGRAIS COMPLEXE

Les engrais complexes contiennent généralement, outre l'ammoniaque toute formée, de la matière organique azotée ; si l'on se servait, comme pour un sulfate d'ammonioque, de chaux pour déplacer l'alcali volatil, on risquerait de transformer en ammoniaque une partie de cet azote organique, et l'on aurait ainsi un dosage défectueux.

Pour empêcher cette action de se produire, on remplace la chaux par de la magnésie, qui n'a qu'une action extrêmement faible sur les matières organiques azotées. L'opération se fait de la même manière que pour le sulfate d'ammoniaque, en opérant sur un gramme d'engrais et environ 1 gramme de magnésie calcinée. Si l'engrais est riche en sels ammoniacaux, on prend l'acide sulfurique titré normal, dont on opère la saturation au moyen de la liqueur de potasse.

Si, au contraire, l'engrais est pauvre, on remplace l'acide sulfurique normal par l'acide sulfurique décime ; dans ce dernier cas, le titrage de cet acide se fait au moyen d'eau de chaux.

On vient d'exposer la méthode qui consiste à distiller directement la matière avec de l'eau et de la magnésie. Ce procédé rencontre quelquefois des difficultés assez grandes, surtout lorsqu'on est forcé d'opérer sur de notables quantités de matière en raison de leur faible teneur en ammoniaque ; tel est le cas du fumier de ferme, par exemple. En appliquant directement le feu sous le ballon, on risque de surchauffer la matière, qui se colle au fond, et l'on peut ainsi produire de l'ammoniaque aux dépens de la matière organique azotée. Cet inconvénient peut être évité d'une manière complète au moyen d'un bain de chlorure de calcium, dans lequel on fait plonger le ballon. Le bain est chauffé de manière à permettre l'ébullition du liquide contenu dans le ballon.

Il est préférable dans beaucoup de cas, au lieu de distiller la matière elle-même, d'extraire par le lavage l'ammoniaque qui y est contenue et de distiller le liquide ainsi obtenu après l'avoir rendu alcalin au moyen de la magnésie.

Lorsqu'il y a peu de matière organique dans la substance à analyser ; le lavage peut s'opérer à l'eau ; mais, dans le cas où l'on est en présence de beaucoup de matières organiques, et notamment des matières brunes des fumiers, une partie de l'ammoniaque pourrait être retenue dans des combinaisons insolubles ; il faut, dans ce cas, lorsqu'on veut opérer le lavage, se servir d'eau légèrement acidulée d'acide chlorhydrique, afin de détruire la combinaison de ces matières avec l'ammoniaque qui entre ainsi en solution. Dans ce dernier cas, avant de procéder à la distillation, il faut saturer l'acide par de la magnésie, dont on mettra d'ailleurs un excès.

La précaution de traiter au préalable par un acide est indispensable lorsqu'il existe dans la matière du phosphate ammoniaco-magnésien, qui n'est que difficilement décomposé par la magnésie quand il se trouve à l'état concret. Mais, lorsqu'il a été au préalable dissous par un acide, il laisse facilement dégager son ammoniaque sous l'influence de la magnésie.

Quand on a recours à l'acide, on peut opérer sur une quantité notable de matière, soit par exemple 50 grammes; dans ce cas, on décantera le liquide dans un ballon jaugé de 1 litre et, en lavant à plusieurs reprises le résidu, on arrivera au volume de 1 litre. De ce liquide rendu homogène, on prendra une fraction déterminée, soit 20 centimètres cubes correspondant à 1 gramme de matière, soit plus, si la quantité d'ammoniaque est faible.

Les liqueurs acides dans lesquelles on doit rechercher l'ammoniaque ne doivent jamais subir pendant longtemps le contact de l'air, qui pourrait augmenter la proportion de cet alcali. A plus forte raison, doit-on éviter la proximité de vapeurs ammoniacales pendant ces manipulations.

Il arrive quelquefois que, dans ces opérations, l'eau qui distille entraîne de l'acide carbonique qui reste dissous dans la liqueur distillée. Le titrage se fait alors d'une manière incertaine, et il convient, avant de titrer, de se débarrasser de cet acide carbonique, On y arrive en chauffant à l'ébullition pendant quelques instants la liqueur contenue dans le ballon, en ayant grand soin d'éviter toute projection.; on opère alors le dosage comme précédemment.

8° DOSAGE DE L'ACIDE NITRIQUE DANS LES NITRATES
(Méthode de M. Schlœsing).

Le procédé dit *par différence*, qui a encore cours dans les transactions commerciales, doit être proscrit comme n'offrant pas des garanties suffisantes d'exactitude. Le seul qui doive être employé est basé sur la transformation intégrale de l'acide nitrique en bioxyde d'azote, qu'on recueille à l'état gazeux et dont on prend le volume ; il s'applique non seulement aux nitrates commerciaux, mais encore aux engrais dans lesquels on a introduit des nitrates.

On compare le volume du bioxyde formé à celui que donne une même quantité de nitrate parfaitement pur ; le rapport des deux volumes donne la proportion de nitrate réel contenu dans le produit essayé.

Mais, pour que cette comparaison conduise à des résultats exacts, il faut rendre aussi égales que possible toutes les conditions de l'opération et, par suite, les erreurs relatives. On y arrive en s'arrangeant de manière à recueillir des volumes très voisins de bioxyde d'azote dans les deux cas du titrage et de l'essai, ce qu'il est toujours facile d'obtenir. Dans ce but, il convient de faire d'abord l'essai avec la matière à analyser ; le volume de bioxyde d'azote étant lu, on emploie une quantité de liqueur titrée de nitrate pur telle, qu'elle donne un volume à peu près égal.

Essai d'un nitrate de soude. — On prépare une liqueur titrée contenant par litre 66 grammes de nitrate de soude pur et sec ; on prend également 66 grammes

de nitrate à essayer, qu'on dissout et qu'on amène au
volume de 1 litre. Cette quantité a paru convenable,
parce que, dans les conditions de l'expérience, elle permet d'obtenir un volume de gaz voisin de 100 centimètres cubes. L'appareil dans lequel se produit la réaction est un ballon de 150 centimètres cubes de capacité ;
ce ballon est muni d'un bouchon en caoutchouc percé
de deux trous, qui porte un tube capillaire de 30 centimètres de longueur plongeant à quelques centimètres du
fond du ballon, de manière que le bout du tube soit toujours au-dessus du liquide. L'autre bout du tube est
relié par un tube de caoutchouc épais à un petit entonnoir ; il existe un intervalle de 25 millimètres entre le
bout du tube et la douille de l'entonnoir ; à l'endroit
libre du caoutchouc, on place une pince qui, serrant le
caoutchouc, ferme d'une manière complète. L'autre
trou du bouchon porte un tube à gaz recourbé à angle
droit, relié par un caoutchouc à un autre tube recourbé
dont la partie plongeant dans l'eau doit avoir de 20 à
30 centimètres de longueur, afin de condenser la vapeur
d'eau ; le tube plonge dans une petite cuve remplie
d'eau. Si l'on fait une série de dosages successifs, il est
bon de laisser couler constamment, dans cette cuve, de
l'eau qui élimine à mesure l'eau devenue chaude et
chargée d'acide chlorhydrique, et qui maintient le niveau
constant. Dans le ballon, on verse d'abord 40 centimètres cubes de solution de protochlorure de fer ; on
place le bouchon et, par l'entonnoir, on fait couler
40 centimètres cubes d'acide chlorhydrique, en pinçant
le caoutchouc au moment où il reste encore un peu
d'acide chlorhydrique dans l'entonnoir. Cette opération a
pour but d'éviter l'emprisonnement de l'air dans le tube
capillaire ou la douille de l'entonnoir ; cet air serait
entraîné dans la suite et modifierait le volume de bioxyde

d'azote. L'appareil étant ainsi disposé, on place sous le ballon un bec de gaz muni d'une couronne et l'on chauffe de manière à produire une ébullition régulière ; l'air se trouve expulsé et sort bulle à bulle par le tube ; lorsque, par une ébullition de 5 à 6 minutes, tout l'air est expulsé, que, par suite, il ne se dégage plus que de la vapeur d'eau qui se condense au contact de l'eau froide, on place sur cette extrémité recourbée du tube une cloche graduée de 100 centimètres cubes, exactement remplie d'eau ; puis on verse dans l'entonnoir, au moyen d'une pipette jaugée, 5 centimètres cubes de la liqueur du nitrate à essayer et, ouvrant légèrement la pince, on laisse couler ce liquide très lentement dans le ballon, afin de ne pas arrêter l'ébullition, ce qui entraînerait une absorption. On referme la pince avant que le liquide ait atteint la douille de l'entonnoir, puis on lave celui-ci avec quelques centimètres cubes d'acide chlorhydrique qu'on verse, au moyen d'un tube étiré, sur tout le pourtour supérieur de l'entonnoir. Ce liquide est introduit à son tour avec les mêmes précautions ; on renouvelle ce lavage trois fois, en ayant constamment soin d'empêcher toute rentrée de l'air ; l'ébullition maintenue constamment dans le ballon fait dégager le bioxyde d'azote qui se rend sous la cloche. On la prolonge jusqu'au moment où le volume de gaz n'augmente plus ; alors, sans arrêter l'ébullition, on retire la cloche et on amène, en enfonçant plus ou moins la cloche, le niveau de l'eau dans celle-ci au niveau de l'eau dans la cuve ; il faut avoir soin de tenir la cloche avec une pince et non avec la main ; puis on lit le volume occupé par le gaz dans la cloche, soit V, après avoir attendu quelques instants pour laisser le gaz prendre la température ambiante. On remplit de nouveau la cloche avec de l'eau, on la place sur l'extrémité du tube, le vide s'étant maintenu dans le ballon par l'ébullition qu'on a laissée se continuer ; on introduit par l'entonnoir 5 centimètres cubes de la solution titrée de nitrate pur en opérant exactement de la même manière et en prenant les mêmes précautions que dans l'opération qui précède. On recueille de nouveau le bioxyde d'azote ; on lit son volume comme on vient de l'indiquer, soit V' le second volume obtenu, le rapport $\dfrac{V}{V'} \times 100$ donnera la quantité de nitrate réel contenue dans 100 du produit essayé.

On peut faire cinq ou six dosages consécutifs sans renouveler les liquides du ballon et sans interrompre l'ébullition ; dans ces conditions, les dosages se font très rapidement ; mais il faut avoir la précaution de maintenir constamment le liquide du ballon à un volume sensiblement égal au volume primitif, les liquides qu'on introduit devant remplacer au fur et à mesure ceux qui disparaissent par l'ébullition. Si la concentration devenait très forte, il faudrait ajouter assez d'acide chlorhydrique pour ramener au volume voulu.

Essai d'un nitrate de potasse. — Pour l'essai d'un nitrate de potasse, on opérera exactement de la même manière ; mais les liqueurs sont préparées en dissolvant 80 grammes de nitrate pur et autant de nitrate à essayer dans le volume de 1 litre. Ce chiffre est calculé également de manière à donner un volume de gaz voisin de 100 centimètres cubes.

Préparation de la solution de protochlorure de fer. — On dissout à l'ébullition 200 grammes de pointes ou de limaille de fer dans un ballon, par de l'acide chlorhydrique étendu de son volume d'eau et qu'on ajoute peu à peu, jusqu'à dissolution complète, et l'on amène le volume de la liqueur à 1 litre.

Dosage du nitrate de soude dans un engrais complexe.
1° *Engrais riche en nitrate*. — On prend 66 grammes d'engrais, on broie dans un mortier de verre et on traite dans le mortier même par de l'eau; le liquide est versé dans un ballon de 1 litre et l'engrais est lavé à plusieurs reprises. Tous les liquides décantés sont réunis dans le ballon jaugé; on complète le volume à 1 litre; le nitrate est entré en solution et l'on opère avec cette solution claire, filtrée s'il est nécessaire, comme s'il s'agissait d'un nitrate de soude; mais, au lieu d'introduire dans le ballon seulement 5 centimètres cubes de liqueur, on prend plusieurs fois 5 centimètres cubes, suivant la richesse de l'engrais, de manière à avoir un volume de bioxyde d'azote qui ne soit pas trop inférieur à 100 centimètres cubes; soit n le nombre de pipettes de 5 centimètres cubes employées; soit V' le volume de gaz obtenu avec 5 centimètres cubes de solution titrée de nitrate de soude pur, V le volume de gaz obtenu avec la matière, on aura, pour la quantité de nitrate contenue dans 100 d'engrais $\dfrac{Vn}{V'} \times 100$.

2° *Engrais pauvre en nitrate*. — On prend 66 grammes d'engrais, on les broie dans un mortier, on les délaye dans l'eau, on laisse reposer pendant quelques moments, on décante dans un ballon jaugé de 1 litre la liqueur surnageante; on lave plusieurs fois le résidu resté dans le mortier; on transvase constamment la liqueur surnageante dans le ballon jaugé jusqu'à ce qu'on ai complété le volume de 1 litre.

On mélange cette liqueur et on y ajoute par petites portions de la chaux éteinte, jusqu'au moment où la liqueur bleuit le papier rouge de tournesol; on prélève 500 centimètres cubes, on les évapore dans une capsule de porcelaine et on les amène exactement au volume de

50 centimètres cubes. On opère alors avec cette liqueur comme on a fait pour l'engrais riche en nitrate ; le calcul se fait de la même manière, mais il faut diviser par 10 le résultat obtenu.

L'addition de chaux a pour objet d'empêcher l'acide nitrique d'être déplacé par les acides sulfurique ou phosphorique libres dans le cas où l'on opérerait en présence d'un superphosphate.

Lorsque l'engrais est excessivement pauvre en nitrate, c'est-à-dire lorsqu'il en contient à peine 1 p. 100, on peut, au lieu de continuer à ajouter de la solution dans le ballon jusqu'au moment où l'on a obtenu un volume de bioxyde d'azote voisin de 100 centimètres cubes, s'arrêter à un volume inférieur. Le calcul se fait du reste de la même manière.

Pour calculer en azote nitrique, on multiplie le nitrate de soude par 0.1647.

Remarque. — Il arrive quelquefois que les engrais contiennent des carbonates solubles ; dans ce cas, l'acide carbonique, se dégageant en même temps que le bioxyde d'azote, pourrait augmenter le volume de ce gaz et, par suite, conduire à un résultat trop fort. On peut s'assurer de la présence de ces carbonates solubles en délayant 20 ou 30 centimètres cubes d'eau, une dizaine de grammes d'engrais ; on jette sur un filtre et, dans quelques centimètres cubes de la liqueur filtrée, on verse un peu d'acide chlorhydrique ; s'il y a dégagement de bulles gazeuzes, on conclut à la présence de carbonates solubles. Dans ce cas, au lieu de faire la trituration dans le mortier avec de l'eau pure on emploie de l'eau contenant 3 à 4 p. 100 d'acide chlorhydrique. Lorsque toute effervescence a cessé et que la liqueur reste acide, on continue les lavages avec de l'eau pure jusqu'au volume de

1 litre, en suivant la marche indiquée ; mais lorsqu'on est forcé de soumettre le liquide à l'évaporation, on ne peut pas opérer avec un liquide acide, car on pourrait perdre l'acide nitrique ; ayant amené le liquide neutre ou alcalin à un volume très réduit, on décompose les carbonates par une addition d'acide acétique ; ce n'est qu'après cette addition qu'on amène au volume de 50 centimètres cubes et qu'on continue le dosage comme plus haut. L'acide carbonique ayant été éliminé ne peut plus fausser les résultats.

Quelques matières fertilisantes, telles que les guanos peuvent contenir de l'acide oxalique. La décomposition partielle de cet acide peut produire des gaz acide carbonique et oxyde de carbone, qui viennent s'ajouter au bioxyde d'azote et faussent ainsi le dosage. Il est facile de se mettre à l'abri de cette cause d'erreur en ajoutant à la matière, avant la dissolution, un peu de chaux qui maintient l'acide oxalique insoluble à l'état d'oxalate de chaux. Les liqueurs claires dans lesquelles on dose les nitrates sont ainsi complètement débarrassées d'acide oxalique.

VI. — DOSAGE DE L'ACIDE PHOSPHORIQUE SOUS SES DIVERS ÉTATS

On trouve, dans le commerce, les phosphates à des états différents :

1° Phosphates minéraux, constitués par du phosphate de chaux tribasique, plus ou moins mélangé de carbonate de chaux, de matières siliceuses, d'oxyde de fer et d'alumine, etc. Dans le commerce, on les trouve à des **degrés** divers de finesse ;

2° Phosphate d'os verts broyés ; phosphate d'os gélatinés ; noir animal ; noir de raffinerie, de sucrerie, etc. ;

3° Phosphates dans les produits tels que fumier, poudrette, guano, etc.;

4° Phosphates traités par les produits chimiques : superphosphates d'os ou minéraux, phosphates précipités, phosphate ammoniaco-magnésien;

5° Scories phosphatées provenant des traitements métallurgiques.

1° DOSAGE DE L'ACIDE PHOSPHORIQUE DANS UN PHOSPHATE DE CHAUX NATUREL

Les phosphates de chaux naturels, dont l'emploi est si fréquent en agriculture, présentent les compositions les plus variées; leur richesse est quelquefois bien inférieure à celle qui leur est attribuée; ils sont fréquemment fraudés avec des matières inertes. L'acide phosphorique est le seul élément qu'il y ait, en général, intérêt à y chercher.

Méthode dite commerciale. — On a souvent employé et l'on emploie encore quelquefois une méthode appelée *commerciale*, qui consiste à dissoudre le phosphate dans l'acide chlorhydrique bouillant, à filtrer et à ajouter de l'ammoniaque dans la liqueur filtrée. On obtient un précipité qui renferme le phosphate de chaux, mais qui contient en même temps tout l'oxyde de fer et toute l'alumine que l'acide chlorhydrique avait dissous. Le dosage se trouve ainsi être inexact et, dans beaucoup de cas, cette inexactitude atteint des proportions énormes. Il peut même arriver que des matières ne contenant aucune trace de phosphate accusent, par ce procédé, des quantités de phosphate considérables. Aussi cette méthode a-t-elle été l'occasion et la base de fraudes innombrables.

Ce procédé doit être rejeté *d'une manière absolue*; son usage doit être *interdit* et aucune transaction ne doit se faire sous la garantie de l'analyse dite *commerciale*.

Les chimistes qui consentent à employer ce procédé se font les complices des fraudeurs.

La méthode que nous recommandons est basée sur la précipitation de l'acide phosphorique à l'état de phosphate ammoniaco-magnésien dans une liqueur ammoniacale et sur la propriété du citrate d'ammoniaque de maintenir en dissolution la chaux, l'alumine et l'oxyde de fer qui accompagnent toujours l'acide phosphorique.

Voici comment il convient de procéder :

2 grammes de phosphate à essayer sont introduits dans un ballon avec 10 à 15 centimètres cubes d'acide chlorhydrique qu'on porte à l'ébullition pendant cinq minutes, mais en évitant toute dessiccation ; on ajoute ensuite 2 ou 3 centimètres cubes d'acide chlorhydrique ; on étend d'eau et l'on amène le volume exactement à 200 centimètres cubes. Après avoir rendu ce liquide homogène, on le filtre et l'on prélève 100 centimètres cubes, qui représentent 1 gramme de matière. En opérant ainsi on évite les lavages, qui entraînent presque toujours de la silice et de l'argile. Aux 100 centimètres cubes prélevés on ajoute 40 centimètres cubes de citrate d'ammoniaque, 50 centimètres cubes d'ammoniaque et 10 centimètres cubes de liqueur magnésienne. On agite vivement avec une baguette de verre, en évitant de toucher les parois du vase, afin d'éviter la formation d'un dépôt adhérent sur le verre. On couvre avec une plaque de verre, ou bien on place sous une cloche et on laisse reposer.

Au bout de douze heures, l'acide phosphorique est entièrement précipité à l'état de phosphate ammoniaco-magnésien ; si l'on voulait activer cette précipitation, on agiterait en permanence pendant une demi-heure environ, soit à la main, soit mieux à l'aide d'un agitateur mécanique. On peut alors, au bout d'une heure environ, considérer la précipitation comme complète.

On recueille le précipité sur un petit filtre, de préférence à plis; on détache la partie adhérente au vase à l'aide d'une baguette portant un caoutchouc à un de ses bouts, et l'on fait tomber le précipité sur le filtre au moyen d'eau contenant un tiers de son volume d'ammoniaque, mélange qui sert également pour achever le lavage. Celui-ci doit être fait avec une quantité d'eau ammoniacale d'environ 50 centimètres cubes, en ayant la précaution de mettre en suspension le précipité qui est sur le filtre, à l'aide du jet de la pissette amenant l'eau ammoniacale. Le lavage est ainsi beaucoup plus parfait et le filtre à plis est avantageux pour cette opération. Il ne faut pas craindre de le remplir deux ou trois fois entièrement d'eau ammoniacale.

Après dessiccation, on incinère; mais il faut des précautions spéciales pour obtenir un précipité incolore.

Voici comment on procède :

Le filtre séché contenant la matière est replié sur lui-même et placé dans une capsule tarée qu'on met au bord du moufle, de façon à produire une distillation lente de la matière organique du papier; il faut éviter, avec le plus grand soin, de laisser celui-ci s'enflammer. Lorsque la carbonisation est complète, on porte au rouge vif, ou mieux encore au rouge blanc, jusqu'à ce que tout le charbon ait disparu.

Le lavage et le mode d'incinération que nous venons d'indiquer permettent d'obtenir un pyrophosphate de magnésie blanc ou presque blanc, alors que, par les procédés habituellement suivis, il reste noir ou d'un gris très foncé. On a quelquefois recommandé, dans ce dernier cas, de le rendre blanc en l'arrosant d'acide nitrique et en le calcinant à nouveau ; cette pratique est à rejeter, car elle expose à des pertes.

Le poids obtenu multiplié par 0,639 donne l'acide phosrique d'un gramme de matière analysée ; en multipliant le poids de l'acide phosphorique par 2,18, on calcule à l'état de phosphate tribasique de chaux.

Il arrive quelquefois que le phosphate ammoniaco-magnésien contient de petites quantités de magnésie ou de chaux, ce qui donne une surcharge. Le précipité est alors plus ou moins floconneux. Il est bon, dans ce cas, de redissoudre le phosphate ammoniaco-magnésien dans le verre même dans lequel il s'était précipité, après en avoir séparé par filtration les eaux-mères.

On commence à verser sur le filtre égoutté 10 centimètres cubes d'eau contenant 5 p. 100 d'acide azotique, et l'on continue avec cette eau acide le lavage du filtre, en recueillant dans le vase dans lequel était restée la plus grande partie du phosphate ammoniaco-magné siens qui se trouve alors dissous. On complète le volume à environ 50 centimètres cubes, on ajoute 4 à 5 centimètres cubes de citrate d'ammoniaque, 2 centimètres cubes de réactif magnésien ; on sature par l'ammoniaque et l'on met ensuite 25 centimètres cubes d'ammoniaque. On agite ; on laisse déposer et l'on recueille le phosphate ammoniaco-magnésien débarrassé de ses impuretés.

Pour éviter la précipitation de la chaux, qui trouble les dosages dans le cas où l'on se trouve en présence de produits très riches en calcaire, on peut encore forcer la dose de citrate d'ammoniaque dont on met, par exemple, 60 centimètres cubes au lieu de 40 centimètres cubes, et étendre davantage le liquide dans lequel se fait le précipité et dont on peut, sans inconvénient, porter le volume total jusque vers 250 centimètres cubes ; on est ainsi beaucoup moins sujet à entraîner dans le précipité de la chaux et même de la magnésie.

Mais, quand les parties floconneuses sont dues à de la silice, ce qui est généralement le cas lorsqu'on a empêché la précipitation de la chaux comme il vient d'être dit, on peut se contenter de redissoudre le pyrophosphate de magnésie pesé dans de l'acide azotique étendu de 3 ou 4 volumes d'eau, de laver à l'eau bouillante, de recueillir la silice qui reste insoluble, qu'on calcine et dont on retranche le poids de celui du pyrophosphate.

Les os, les noirs d'os, etc. sont calcinés avant l'attaque par l'acide chlorhydrique.

Il est très important, pour précipiter la totalité de l'acide phosphorique, d'avoir dans la liqueur un excès de magnésie, et cet excès doit être tel qu'il représente environ un décigramme de magnésie par 100 centimètres cubes du liquide dans lequel se fait la précipitation, soit un excès de 0 gr. 3 de magnésie sur la quantité nécessaire à la formation du phosphate ammoniaco-magnésien. On mettra donc des quantités de liqueur magnésienne variables avec la proportion présumée d'acide phosphorique, de manière à avoir toujours l'excès voulu. La proportion de magnésie doit également augmenter avec la quantité de citrate d'ammoniaque employé, et l'on peut se servir utilement de la liqueur citro-magnésienne de M. Joulie qui apporte proportionnellement l'acide citrique et la magnésie.

Il est utile de ne mettre l'ammoniaque qu'après avoir ajouté la liqueur magnésienne ; on risque moins d'entraîner du phosphate de fer et d'alumine dans le précipité formé.

Cependant il peut arriver que le pyrophosphate de magnésie obtenu ne soit pas absolument pur ; il peut contenir de la silice, alors même qu'on a évaporé à sec au préalable ; il peut aussi renfermer des phosphates de fer et d'alumine. Il est facile de s'assurer de la présence de ces deux substances et de faire, s'il y a lieu, la correction. Dans aucun cas, 'leur recherche qualitative, qui ne prend que quelques instants, ne doit être négligée.

Après la pesée, on dissout, dans le vase même qui a servi à la pesée par de l'acide azotique ; s'il reste un résidu appréciable de silice, on le pèse et on le défalque du poids du pyrophosphate. Après élimination de la silice, on étend à 100 centimètres cubes environ : on neutralise par l'ammoniaque jusqu'à bleuissement du papier de tournesol, puis on fait redissoudre le précipité de phosphate ammoniaco-magnésien formé, par l'acide acétique mis en léger excès. La liqueur doit demeurer claire et ne pas se troubler au bout de quelques heures ; l'absence de phosphates de fer et d'alumine est alors constatée. S'il s'en trouve, on peut le recueillir, le peser et diminuer le poids de l'acide phosphorique, calculé d'après le poids du pyrophosphate corrigé de la silice, de 1/4 de milligramme par chaque milligramme de phosphates de fer et d'alumine obtenus.

Dans beaucoup de cas, un peu de chaux est entraînée ; quand elle est très abondante, on en tient compte.

Dans la plupart des cas, ces corrections sont inutiles ; si elles devenaient trop fortes, il serait prudent de recommencer le dosage.

Préparation du réactif magnésien. — Le réactif magnésien se prépare en dissolvant 150 grammes de chlorure de magnésium cristallisé et 150 grammes de chlorhydrate d'ammoniaque dans une quantité d'eau suffisante pour faire le volume de 1 litre, 10 centimètres cubes de cette liqueur précipitent 50 centigrammes d'acide phosphorique.

Préparation de la liqueur citro-magnésienne. — La liqueur citro-magnésienne de M. Joulie se prépare en dissolvant 22 grammes de carbonate de magnésie pur dans une solution de 400 grammes d'acide citrique pour 200 centimètres cubes d'eau. On ajoute ensuite 400 centimètres cubes d'ammoniaque à 21-22 degrés. Cette liqueur doit rester fortement acide.

2° DOSAGE DE L'ACIDE PHOSPHORIQUE DANS LES GUANOS, POUDRETTES, ETC.

Les guanos et les engrais similaires doivent, en général, leur valeur à l'azote ; mais il y en a dans lesquels celle de l'acide phosphorique prédomine.

Pour doser l'acide phosphorique, on opère sur 4 grammes de matière , on les mélange, dans une capsule de porcelaine à fond rond, avec 2 décigrammes de chaux éteinte pour empêcher la réduction éventuelle de phosphate acide par la matière organique, réduction qui entraînerait des pertes de phosphore. Le tout étant imbibé d'une dizaine de gouttes d'eau, on sèche au bain de sable et l'on incinère au moufle avec beaucoup de précaution, ne portant au rouge qu'après que tout dégagement de gaz a cessé. On détache la matière et on la fait tomber dans un ballon ; on lave la capsule avec de l'acide chlorhydrique, puis avec de l'eau qu'on rajoute dans le ballon ; on fait bouillir pendant quelques minutes ; on amène le volume à 200 centimètres cubes. Après refroidissement, on filtre et on prélève 100 centimètres cubes de la liqueur filtrée, correspondant à 2 grammes de matière. On continue le dosage comme dans le cas d'un phosphate naturel.

Ce procédé ne permettrait pas de reconnaître dans ces produits l'addition frauduleuse de prophaste minéral qui aurait pu être faite dans le but de vendre au prix du phosphate de guano et de poudrette le phosphate naturel, d'une valeur moindre.

Quand les quantités de chaux sont extrêmement abondantes, on peut séparer cette base en la précipitant par l'oxalate d'ammoniaque en solution acétique.

3° DOSAGE DE L'ACIDE PHOSPHORIQUE DANS UN PHOSPHATE PRÉCIPITÉ

Pour les phosphates précipités, il convient de doser l'acide phosphorique soluble dans le citrate d'ammoniaque et aussi l'acide phosphorique total, parce que le citrate ne dissout pas toujours tout le phosphate précipité, dont une partie peut se trouver à l'état tribasique ; le phosphate bibasique lui-même, lorsqu'il a été desséché à une température trop élevée, est peu soluble dans le citrate.

Pour doser l'acide phosphorique total, on opère comme pour un phosphate naturel, mais en employant $0^{gr},5$ de matière seulement, à cause de la richesse de ces produits en acide phosphorique.

Pour le dosage de l'acide phosphorique soluble au citrate, on n'opère que sur $0^{gr},75$ de matière, que l'on triture dans un mortier avec quelques gouttes de citrate pour l'amener à l'état de pâte facile à délayer ; cette pâte est délayée peu à peu avec 60 centimètres cubes de citrate et introduite dans un ballon jaugé de 150 centimètres cubes. Une partie de ce citrate sert au lavage du mortier. On agite fréquemment et on laisse digérer pendant douze heures. Si, à ce moment, on remarque que le dépôt est encore très notable, on procède à une nouvelle agitation qui remet le précipité en suspension, et on attend encore douze heures ; puis on complète le volume à 150 centimètres cubes ; on rend homogène, on filtre et on prélève pour la précipitation 100 centimètres cubes du liquide filtré, représentant $0^{gr},5$ de matière. On procède comme dans le cas du dosage de l'acide phosphorique soluble au citrate dans un superphosphate.

4° DOSAGE DE L'ACIDE PHOSPHORIQUE DANS UN ENGRAIS OU UN PHOSPHATE PAR LE MOLYBDATE D'AMMONIAQUE

La précipitation par le molybdate d'ammoniaque peut être utilisé pour le dosage des engrais phosphatés en général ; elle permet d'éliminer toutes les substances qui entravent le dosage dans le procédé ordinaire.

5 grammes d'engrais phosphaté à analyser sont calcinés jusqu'à destruction de la matière organique, et attaqués dans un ballon par 20 centimètres cubes d'eau et 20 centimètres cubes d'acide azotique ; on fait bouillir pendant un quart d'heure ; puis, après refroidissement, on amène le volume total à 100 centimètres cubes. Lorsqu'on se trouve en présence d'un phosphate riche, on prend 10 centimètres cubes de cette solution correspondant à 5 décigrammes ; pour les engrais moyennement riches en acide phosphorique (10 à 20 p. 100), on prend 20 centimètres cubes de liqueur, correspondant à 1 gramme ; enfin pour les engrais ayant moins de 10 p. 100 d'acide phosphorique, on prend 40 centimètres cubes représentant 2 grammes.

Quoi qu'il en soit, le volume est amené à 50 centimètres cubes, après qu'on a ajouté 10 centimètres cubes d'acide azotique et 6 à 7 grammes de cristaux d'azotate d'ammoniaque. Le liquide est placé dans un vase de Bohême d'au moins 300 centimètres cubes de capacité ; on y ajoute 50 centimètres cubes de liqueur molybdique par chaque décigramme d'acide phosphorique supposé contenu dans la liqueur, et l'on porte le mélange à 90° au bain-marie pendant une heure. Au bout de ce temps, on voit, sur une petite quantité de liqueur claire, si une nouvelle addition de molybdate ne détermine pas de précipité. Dans le cas affirmatif, il faudrait ajouter encore 50 centimètres cubes de liqueur molybdique et ,chauffer de nouveau pendant une heure au bain-marie à 90°. On filtre et on lave au moyen d'une solution contenant 3 p. 100 de nitrate d'ammoniaque et 1 p. 100 d'acide azotique ; puis on dissout dans quelques centimètres d'ammoniaque et on lave le filtre avec de l'eau contenant 30 p. 100 d'ammoniaque, dont on ajoute une quantité totale d'environ 50 centimètres cubes. Dans cette liqueur, on verse, peu à peu et en agitant constamment, 10 centimètres cubes de liqueur magnésienne. Au bout de douze heures, on recueille sur un filtre le phosphate ammoniaco-magnésien formé et on le lave avec de l'eau contenant 30 p. 100 d'ammoniaque. On calcine le précipité et on le pèse à l'état de pyrophosphate.

Lorsqu'on se trouve en présence de très petites quantités d'acide phosphorique, par exemple moins de 0^{gr}05 dans la matière employée pour l'analyse, on pèse directement le phospho-molybdate qu'on a recueilli sur un double filtre, dont l'un sert de tare à l'autre. Le précipité, lavé à l'eau acidulée par l'acide azotique et finalement avec quelques gouttes d'eau ordinaire, est séché à une température ne dépassant pas 90° ; son poids multiplié par 0,0376 donne le poids d'acide phosphorique.

Préparation du molybdate d'ammoniaque. — 100 gr. d'acide molybdique sont dissous dans 400 grammes d'ammoniaque d'une densité de 0,95 ; on filtre et l'on reçoit le liquide, goutte à goutte, dans 1 kilogr. 5 d'acide azotique de 1,20 de densité, en agitant constamment. Ce mélange est abandonné pendant quelques jours dans un endroit chaud ; il forme un dépôt. Pour l'emploi, on décante la partie claire.

5° DOSAGE DE L'ACIDE PHOSPHORIQUE SOLUBILISÉ DANS LES SUPERPHOSPHATES ET DANS LES ENGRAIS CHIMIQUES

Dans les superphosphates, il y a surtout à doser l'acide phosphorique modifié par le traitement chimique, existant à l'état soluble à l'eau et au citrate. Le plus souvent, ces deux derniers sont dosés en bloc, puisqu'on leur attribue une valeur commerciale peu différente. Il semblerait donc qu'en traitant directement par du citrate d'ammoniaque on devrait dissoudre tout l'acide phosphorique existant sous ces deux formes. Il en est ainsi, en effet, lorsque l'engrais ne contient pas de magnésie ; mais, en présence de cette base, il se forme du phosphate ammoniaco-magnésien, insoluble dans le citrate, et tout l'acide phosphorique correspondant à la magnésie échappe au traitement citro-ammoniacal.

La magnésie se trouve dans la matière à l'état de sulfate ou de phosphate acide solubles dans l'eau ; on peut donc l'éliminer au préalable par un lavage et opérer le traitement par le citrate d'ammoniaque sur le résidu débarrassé de magnésie. Les deux liqueurs réunies après coup contiennent tout l'acide phosphorique qui a été modifié par l'action de l'acide sulfurique.

Mais le lavage à l'eau nécessite quelques précautions ; les superphosphates contiennent en général de l'acide sulfurique libre d'un côté, et du phosphate non attaqué d'un autre côté ; la réaction de l'un sur l'autre n'a pas pu se faire dans le mélange, dont l'homogénéité n'est jamais parfaite. Si l'on traite par l'eau un semblable produit et qu'on laisse le contact se prolonger, l'acide sulfurique libre peut se porter sur le phosphate non attaqué et le solubiliser. On obtiendrait ainsi dans le dosage une quantité d'acide phosphorique soluble plus grande que celle qui existe en réalité dans le produit examiné. De là, la nécessité de pratiquer très rapidement le lavage à l'eau.

Voici comment il convient d'opérer :

Le produit est passé au tamis de 1 millimètre de mailles. On en pèse $1^{gr},500$ que l'on dépose dans un mortier en verre. On ajoute environ 20 centimètres cubes d'eau distillée et l'on délaye légèrement avec le pilon, sans broyer. Après une minute de repos, on décante sur un filtre sans pli, appliqué sur un entonnoir reposant sur un ballon jaugé de 150 centimètres cubes. On renouvelle l'addition d'eau et les décantations trois ou quatre fois, en opérant très rapidement ; puis on broie très finement la matière ; on la recueille sur le filtre au moyen de la pissette et l'on continue le lavage jusqu'à parfaire le volume du ballon jaugé. Trois cas peuvent se présenter : 1° le dosage de l'acide phosphorique soluble dans l'eau ; 2° celui de l'acide phosphorique soluble dans l'eau et de l'acide phosphorique soluble dans le citrate d'ammoniaque réunis ; 3° le dosage séparé de l'acide phosphorique soluble dans l'eau et de l'acide phosphorique soluble dans le citrate d'ammoniaque.

Dans le premier cas, après avoir rendu le liquide de lavage homogène, on en prélève 100 centimètres cubes correspondant à 1 gramme. On ajoute 20 centimètres cubes de citrate d'ammoniaque, 50 centimètres cubes d'ammoniaque et 10 centimètres cubes de liqueur magnésienne.

Dans le deuxième cas, on introduit le filtre contenant la matière lavée dans un ballon jaugé de 150 centimètres cubes avec 60 centimètres de citrate d'ammoniaque ; on laisse en digestion pendant une heure en délayant la matière par l'agitation, et on laisse reposer pendant douze heures ; on amène le volume à 150 centimètres cubes ; on agite et l'on filtre ensuite le liquide, rendu homogène. On en prélève 100 centimètres cubes qu'on ajoute à 100 centimètres cubes du liquide d'épuisement par l'eau. On a ainsi réuni les deux formes solubles de l'acide phosphorique provenant de 1 gramme de superphosphate. On les précipite de la même manière que précédemment, mais sans y ajouter de citrate d'ammoniaque.

Dans le troisième cas, on précipite séparément 100 centimètres cubes du liquide provenant du traitement à l'eau et 100 centimètres cubes du liquide provenant du traitement par le citrate.

Comme il est important que la liqueur soit fortement ammoniacale, on ajoute, dans tous les cas, un volume d'ammoniaque égal au tiers du volume total.

Il est à remarquer que, lorsqu'on fait la dissolution du superphosphate par l'eau, on obtient souvent une liqueur louche ; les eaux de lavage ont mis en suspension des matières siliceuses. Pour obvier à cet inconvénient, il est convenable d'ajouter au liquide, avant d'en compléter le volume, quelques gouttes d'acide chlorhydrique, puis, le volume complété, de filtrer. On obtient alors un liquide limpide, sur lequel on prélève les 100 centimètres cubes destinés à l'analyse.

Préparation du citrate d'ammoniaque. — 400 grammes d'acide citrique cristallisé sont dissous dans une capsule, à froid, par une quantité suffisante d'ammoniaque à 22°. On complète le volume de 1 litre avec de l'ammoniaque.

6° SCORIES DE DÉPHOSPHORATION

Deux grammes de scories sont traités dans un vase de Bohême ou dans un matras par 15 centimètres cubes d'acide chlorhydrique ; après avoir chauffé au bain de sable pendant dix minutes, on ajoute 10 centimètres cubes d'acide azotique pour peroxyder le fer et on évapore à sec au bain de sable dans le vase d'attaque. Cette évaporation doit être faite avec beaucoup de soin ; si on ne la poussait pas assez loin, la silice ne serait pas insolubilisée, elle rendrait les filtrations extrêmement lentes et donnerait une surcharge dans le dosage.

Pour que cette dessiccation soit complète, il faut non seulement qu'on ne perçoive plus aucune odeur d'acide, mais encore que toute la masse ait pris une couleur ocreuse. On reprend ensuite par 10 centimètres cubes d'acide chlorhydrique, on chauffe quelques minutes au bain de sable, on ajoute de l'eau chaude, on chauffe encore quelques minutes ; puis on amène le liquide refroidi au volume exact de 200 centimètres cubes ; on filtre et on prélève 100 centimètres cubes correspondant à 1 gramme de matière ; on ajoute 40 centimètres cubes de citrate d'ammoniaque, 50 centimètres cubes d'ammoniaque, 10 centimètres cubes de liqueur magnésienne, et on continue comme dans le cas d'un phosphate naturel.

L'attaque préalable par l'acide chlorhydrique est indispensable, parce que l'acide azotique peut ne pas dissoudre intégralement les phosphates.

Lorsque les scories sont très riches en chaux, comme c'est fréquemment le cas, on peut éliminer celle-ci par l'oxalate d'ammoniaque en solution acétique.

7° DOSAGE DE L'ACIDE PHOSPHORIQUE PAR L'ATTAQUE
A L'ACIDE SULFURIQUE

Malgré toutes les précautions, la précipitation de phosphate ammoniaco-magnésien telle que nous l'avons décrite entraîne presque toujours un peu de silice, d'oxyde de fer et d'alumine, ainsi que de chaux.

On peut remédier en partie à cet inconvénient en

faisant l'attaque par l'acide sulfurique, qui a l'avantage de dissoudre moins d'alumine et de silice, ainsi que de chaux.

L'attaque se fait de la façon suivante : 5 grammes de phosphate sont traités dans un ballon de 500 centimètres cubes par 20 centimètres cubes d'acide azotique à 1,4 de densité et 50 centimètres cubes d'acide sulfurique pur. On porte à l'ébullition pendant une demi-heure, puis, après refroidissement, on complète le volume à 500 centimètres cubes ; on rend homogène et on filtre. Sur le liquide filtré on prélève 50 centimètres cubes représentant $0^{gr},5$ de phosphate, et l'on précipite, comme dans le cas d'un phosphate naturel.

Lorsqu'il s'agit d'engrais phosphatés contenant des matières organiques, telles que guanos, phosphates d'os, etc., on opère de la même manière, mais en prolongeant l'ébullition pendant une heure, afin de détruire la matière organique. On se dispense ainsi de l'incinération préalable.

Le même mode opératoire peut s'appliquer aux scories de déphosphoration, sans qu'on ait à craindre d'être embarrassé par la chaux et la silice.

8° DÉTERMINATION DU DEGRÉ DE FINESSE DES PHOSPHATES

Certaines matières fertilisantes sont d'autant plus actives qu'elles se trouvent à un degré de finesse plus grand, la surface sous laquelle elles se présentent aux agents dissolvants du sol et des racines augmentant considérablement avec cette finesse.

Pour les phosphates naturels et pour les scories en particulier, on peut admettre que les particules qui se présentent sous des dimensions assez fortes n'exercent pas d'action sur la végétation et doivent être regardées comme inertes et sans valeur.

De cette notion découle la nécessité de déterminer pour ces produits la quantité qui en reste sur le tamis, c'est-à-dire qui est à un état non utilisable.

L'usage s'est établi de recourir au tamis métallique n° 100, dont les mailles présentent un écartement régulier de $0^{mm},017$.

Pour les phosphates naturels, on doit exiger qu'il n'en reste pas sur le tamis plus de 10 p. 100, c'est-à-dire qu'il y ait au moins 90 p. 100 à l'état de poudre fine traversant le tamis.

Pour les scories, on doit exiger qu'il n'en reste pas sur le tamis plus de 20 p. 100, c'est-à-dire 80 p. 100 au moins doivent passer à travers les mailles du tamis.

Janvier 1897.

II

BELGIQUE, HOLLANDE

ET

GRAND-DUCHÉ DE LUXEMBOURG

MÉTHODES DE CONVENTION

Pour l'analyse des matières fertilisantes et des substances alimentaires du bétail, suivies par les laboratoires belges, les stations agricoles hollandaises et la station agricole du Grand Duché de Luxembourg[1].

A. — MATIÈRES FERTILISANTES

I. — AZOTE

Azote ammoniacal. — Sulfate d'ammoniaque. — Peser 10 grammes. Introduire avec de l'eau distillée dans un ballon de 1 litre. Porter au volume. Filtrer s'il y a lieu. Distiller 50 centimètres cubes avec environ 3 grammes de magnésie calcinée. Recueillir l'ammoniaque dans 20 centimètres cubes d'acide sulfurique titré 1/2 normal. Titrer l'excès d'acide par une solution alcaline, de préférence de l'eau de baryte 1/4 normale.

Azote nitrique. — A. Méthode Schloesing-Grandeau. — a) *Nitrate de soude.* — Peser 16^{gr}.5 Introduire avec de l'eau bouillie dans un ballon de 1/2 litre. Porter au volume. Traiter 10 centimètres cubes dans l'appareil Schloesing avec 50 centimètres cubes d'une solution de chlorure ferreux saturée à froid et le même volume d'acide

---

[1] La première revision de la présente Convention a eu lieu dans une conférence tenue en janvier 1899, à Goes, à laquelle assistaient les délégués des trois pays intéressés.

chlorhydrique concentré. Rincer l'entonnoir avec de l'acide chlorhydrique demi-dilué. Comparer le volume obtenu avec celui produit dans les mêmes conditions par 10 centimètres cubes d'une solution type de 33 grammes de nitrate de soude pur et sec par litre. Avoir soin de ne remplir les tubes gradués qu'avec de l'eau distillée froide, fraîchement bouillie ; chasser l'air de l'appareil en introduisant un peu de nitrate ; en cas de plusieurs dosages, prendre le titre au milieu de la série.

b) *Nitrate de potasse*. — Peser 20 grammes. Introduire avec de l'eau bouillie dans un ballon de 1/2 litre. Porter au volume. Opérer sur 10 centimètres cubes. Liqueur type : 40 grammes de nitrate de potasse pur et sec par litre.

B. Méthode Ulsch. — Cette méthode n'est pas applicable en présence des sels ammoniacaux.

Peser 10 grammes. Introduire avec de l'eau distillée dans un ballon de 1/2 litre. Porter au volume. Introduire 25 centimètres cubes de la solution dans un ballon, ajouter 5 grammes de fer réduit par l'hydrogène et 10 centimètres cubes d'acide sulfurique dilué (1 volume d'acide concentré sur 2 volumes d'eau distillée). Placer le bouchon avec déflegmateur, chauffer à petit feu, écarter la flamme pendant le dégagement des gaz, chauffer encore légèrement pendant 5 minutes. Introduire le contenu du déflegmateur dans le ballon, puis encore 100 centimètres cubes d'eau distillée.

Distiller avec environ 3 grammes de magnésie calcinée (ou 30 centimètres cubes d'une solution de soude caustique densité 1,25), continuer comme le dosage de l'azote ammoniacal.

Azote organique. — *A*. MÉTHODE KJELDAHL. — Quantités à peser :

Sang, corne. . . . . 1 gramme.
Cuir, laine, tourteaux, engrais de poissons.   1,5   —
Poudre d'os. 2   —

Introduire la pesée dans un ballon. Ajouter, suivant l'importance de la prise d'essai, 10 à 20 centimètres cubes d'acide sulfurique à 66° B., renfermant 10 p. 100 d'acide phosphorique anhydre, puis une goutte de mercure (environ $0^{gr},5$) ou $0^{gr},5$ à 1 gramme de bioxyde de mercure. Chauffer au moins une heure après la décoloration complète. Laisser refroidir et diluer. Ajouter de la lessive de potasse (1 partie KHO + 2 parties H^2O) jusqu'à presque neutralisation ; introduire 40 centimètres cubes d'une solution contenant par litre 50 grammes de soude caustique et 20 grammes de sulfure de sodium, un peu de pierre ponce ou de limaille de fer. Rincer le col, agiter et adapter à l'appareil à distiller. Toutes ces opérations doivent se faire rapidement. Recueillir les vapeurs dans 20 centimètres cubes d'acide sulfurique 1/2 normal. Titrer l'excès d'acide par l'eau de baryte 1/4 normale. Faire bouillir et refroidir avant de titrer.

B. MÉTHODE GUNNING MODIFIÉE. — Pesées comme ci-dessus.

Ajouter 20 centimètres cubes d'acide sulfurique à 66°B., 1 gramme de mercure, 1 gramme de sulfate de cuivre anhydre ; agiter pour empêcher la formation de grumeaux ; chauffer.

Quand la matière est charbonnée, ajouter 10 à 15 grammes de sulfate de potasse en cristaux. Chauffer sur de forts brûleurs. L'attaque est finie en une demi-heure. Continuer comme ci-dessus.

Azote nitrique et azote ammoniacal. — *Engrais composés.* — Peser 10 grammes à 500 centimètres cubes. Opérer sur 25 ou 50 centimètres cubes.

Azote nitrique : Procédé Schloesing-Grandeau.

Azote ammoniacal : Distillation avec la magnésie.

Azote organique et azote ammoniacal. — *Poudrette, engrais composés.* — Azote total : 2 grammes. Procédé Kjeldahl.

Azote ammoniacal : 5 grammes distillés avec la magnésie.

Azote organique et azote nitrique. — *Engrais composés.* — Azote total : 1 à 2 grammes. Procédé Kjeldahl-Jodlbauer.

Employer 20 à 30 centimètres cubes d'acide sulfophénique contenant par litre 60 à 100 grammes d'acide phénique cristallisé. Pour faciliter la dissolution, il est recommandable de chauffer lentement jusqu'à 40° C., refroidir et ajouter par petites portions 1 gramme de poudre de zinc. Laisser digérer à froid pendant deux heures au moins. Continuer comme le procédé Kjeldahl ordinaire.

Azote nitrique : Procédé Schloesing-Grandeau.

Azote organique, azote ammoniacal et azote nitrique. — *Guanos, engrais composés.* — Azote total : Procédé Kjeldahl-Jodlbauer.

Azote ammoniacal : Distillation de l'engrais avec la magnésie.

Azote nitrique : Procédé Schloesing-Grandeau.

Azote organique = azote total — (Azote ammoniacal + azote nitrique).

N. B. Pour les deux cas précédents, on peut aussi opérer de la manière suivante :

Chasser l'azote nitrique par une ébullition avec l'acide chlorhydrique et le chlorure ferreux. On revient alors au cas de l'azote organique seul ou à celui de l'azote organique et de l'azote ammoniacal.

L'azote nitrique est dosé sur une prise d'essai spéciale par le procédé Schloesing-Grandeau.

II. — ACIDE PHOSPHORIQUE

Acide phosphorique soluble dans les acides minéraux. — MÉTHODE GÉNÉRALE. — 5 grammes + 50 centimètres cubes d'acide nitrique (D. 1,20) ou d'eau régale + 150 centimètres cubes d'eau. Bouillir une demi-heure, faire volume de 500 centimètres cubes et filtrer.

Prendre :

Pour phosphate riche, phosphate précipité. . . . . . 25 cc.
Pour phosphate pauvre, superphosphate et scories. 50 cc.

Neutraliser par l'ammoniaque la plus grande partie de l'acide libre.

Précipiter à chaud par 100 centimètres cubes d'une solution de nitro-molybdate d'ammoniaque ; faire bouillir et filtrer à chaud ou bien chauffer au bain-marie à 80° C. pendant une demi-heure. Laver avec 100 centimètres cubes d'acide nitrique à 1 p. 100. Redissoudre avec le moins possible d'ammoniaque à 10 p. 100 (0,96), laver avec ammoniaque à 5 p. 100 (0,98) et filtrer au besoin. Saturer la plus grande partie de l'ammoniaque par l'acide chlorhydrique.

Précipiter à froid par 10 centimètres cubes de mixture magnésienne. Ajouter d'abord 2 à 3 gouttes de mixture. Agiter jusqu'à l'apparition d'un trouble, verser le restant. Ajouter 50 centimètres cubes d'ammoniaque à 10 p. 100.

(0,96). Laisser déposer au moins deux heures, filtrer, laver avec ammoniaque à 5 p. 100, calciner, peser. Coefficient : 0,64.

N. B. Matières fertilisantes organiques : les guanos, poudre d'os, poudrette, peuvent être directement dissous dans l'acide nitrique ou l'eau régale ; les tourteaux et engrais de poissons doivent être désagrégés par l'acide sulfurique pur suivant Kjeldahl.

Le dosage de l'acide phosphorique dans les matières incinérées n'est plus admissible.

B. *Méthode spéciale* (méthode dite citro-mécanique). — 25 centimètres cubes de la solution précédente de phosphate, guano, poudre d'os dans l'acide nitrique ou l'eau régale ou 50 centimètres cubes d'une solution aqueuse de superphosphate sont à peu près neutralisés par de l'ammoniaque. On ajoute 30 centimètres cubes de citrate Petermann (voir annexe) et 10 centimètres cubes d'ammoniaque de 20 p. 100 (0,92) ; on place sous l'agitateur et pendant le mouvement on verse, goutte à goutte, 25 centimètres cubes de mixture (voir annexe). On agite pendant une demi-heure. Laisser déposer pendant deux heures, filtrer, laver, et calciner.

Acide phosphorique soluble dans l'eau (par digestion). — Peser : 20 grammes.

La prise d'essai, introduite dans un mortier en verre ou en porcelaine, est triturée en additionnant 20 à 25 centimètres cubes d'eau distillée froide. — Cette opération est renouvelée plusieurs fois en versant chaque fois le liquide trouble dans un ballon d'un litre. A la fin, le tout étant amené dans le ballon, on porte le volume à environ 900 centimètres cubes et agite pendant 1/2 heure dans un appareil spécial.

En défaut d'un appareil de rotation, pour les superphosphates simples, on laisse digérer pendant deux heures en agitant quelques fois.

Pour les superphosphates doubles (plus de 22 p. 100), une digestion de vingt-quatre heures, en agitant de temps en temps, est nécessaire.

On porte au volume, filtre, prélève 50 centimètres cubes (soit 1 gramme de matière).

On dose l'acide phosphorique soit par la méthode au molybdate, soit par la méthode citro-mécanique.

Acide phosphorique soluble dans l'eau et le citrate d'ammoniaque. — Peser :

```
Superphosphate riche et phosphate précipité .   1 gramme.
      —          ordinaire (10 à 20 p. c. P²O⁵) .   2      —
      —          pauvre et engrais composés à
                 moins de 10 p. c. P²O⁵ . . . .   4      —
```

Attaque : La prise d'essai, introduite dans un petit mortier en verre, est d'abord broyée à sec, puis additionnée de 20 à 25 centimètres cubes d'eau et triturée à nouveau jusqu'à délayage complet de la matière. On décante sur un filtre et recueille la solution filtrée dans un ballon jaugé de 250 centimètres cubes. On répète trois fois l'opération, puis amène le tout sur le filtre. On continue à laver sur le filtre, jusqu'à volume de 200 centimètres cubes environ. On ajoute quelques gouttes d'acide nitrique, si l'on opère la précipitation par le nitro-molybdate d'ammoniaque, ou d'acide chlorhydrique, si l'on emploie la méthode citro-mécanique et on met au trait. Le filtre contenant tout le résidu insoluble est introduit dans un ballon jaugé de 250 centimètres cubes avec 100 centimètres cubes de citrate d'ammoniaque alcalin. Le phosphate précipité est traité directement par le citrate.

L'action à froid sur le résidu insoluble sera prolongée pendant quinze heures et, facilitée par l'agitation. Puis cette action sera suivie d'une digestion à 40° C. pendant une heure, comptée à partir du moment où le thermomètre du bain-marie indique cette température.

Précipitation : De la solution citrique refroidie, portée à 250 centimètres cubes et filtrée, on prélève 50 centimètres auxquels on ajoute 50 centimètres de la solution aqueuse. Les 100 centimètres cubes du mélange sont additionnés de 10 centimètres cubes d'acide chlorhydrique de 1,10 ou 15 centimètres cubes d'acide nitrique de 1,20 et maintenus à l'ébullition pendant cinq minutes (transformation du méta en ortho). On dose finalement l'acide phosphorique par la méthode citro-mécanique en ajoutant encore 10 centimètres cubes de citrate Petermann après avoir à peu près neutralisé par de l'ammoniaque.

Si on précipite par le molybdate, l'ébullition préalable avec les acides minéraux est inutile.

III. — POTASSE

A. Méthode générale. (*Dosage à l'état de chloroplatinate de potasse*). Sels de potasse. — Peser 10 grammes. Introduire dans un ballon de 1 litre. Porter à mi-volume, faire bouillir. Précipiter exactement l'acide sulfurique par le chlorure du baryum. Porter au volume, filtrer. Prélever 20 centimètres cubes (chlorure et sulfate) ou 50 centimètres cubes (kaïnite). Ajouter 10 centimètres cubes de chlorure de platine à 10 p. 100. Évaporer à consistance sirupeuse. Reprendre par l'alcool à 85° G.-L. écraser avec soin les cristaux et laver à l'alcool à 85° G.-L. sur filtre taré ou dans le creuset de Gooch. Sécher à 125° à l'étuve à air ou à xylol. Coefficient : 0,194.

B. Méthodes spéciales. — On met sur le même pied la

méthode néerlandaise et celle de Corenwinder et Contamine.

a. *Méthode néerlandaise*. (Superphosphate potassique. Engrais composés.) — Peser 20 grammes, faire bouillir de l'eau pendant une demi-heure, refroidir, porter à 500 centimètres cubes, mesurer 50 centimètres cubes de la liqueur filtrée, ajouter du chlorure de baryum à l'ébullition pour précipiter exactement l'acide sulfurique. Ajouter de l'hydrate de baryum en excès, refroidir, porter à 100 centimètres cubes, ajouter à 50 centimètres cubes du filtrat, à l'ébullition, du carbonate d'ammoniaque et de l'ammoniaque jusqu'à ce qu'il ne se produise plus de précipité ; refroidir ; porter à 100 centimètres cubes, évaporer 50 centimètres cubes du filtrat, chasser les sels ammoniacaux, reprendre par l'eau, filtrer. Continuer comme dans la méthode générale.

b. *Méthode Corenwinder et Contamine*. — 10 grammes à un litre. Prendre 50 centimètres cubes, ajouter 1 centimètre cube d'acide chlorhydrique, évaporer à sec, chasser les sels ammoniacaux et les matières organiques, s'il y a lieu, sans toutefois porter au rouge. Reprendre par l'eau acidulée d'acide chlorhydrique. Évaporer à consistance sirupeuse, épuiser par l'alcool à 85° G.-L. Redissoudre par l'eau chaude, recevoir la dissolution dans 50 centimètres cubes de formiate de soude à 10 p. 100 portés à l'ébullition. Chauffer jusqu'à réduction complète. Aciduler par l'acide chlorhydrique en évitant une quantité trop forte d'acide. Filtrer, laver à l'eau froide, calciner.

Platine × 0,4835 = Potasse anhydre.

La réduction peut se faire aussi à l'ébullition en solu

tion neutre par 2 grammes de calomel, ajouter ensuite 2 centimètres cubes d'acide chlorhydrique, faire bouillir et filtrer (d'après Mercier).

IV. — PRÉPARATION DE L'ÉCHANTILLON DE SCORIES ET DÉTERMINATION DE LA FINESSE DE MOUTURE

Tamis n° 1 avec des trous ronds d'un diamètre de 1 millimètre et demi.

Tamis n° 2 d'un diamètre de 20 centimètres, à fils écartés de $0^{mm},17$, soit une grandeur de mailles de $0^{mm^2},0289$.

L'échantillon entier est tamisé au tamis n° 1 ; le résidu est de non-valeur, mais on le pèse pour la correction des dosages suivants :

Une partie de la scorie tamisée par le tamis n° 1 (50 gr.) est soumise pendant un quart d'heure au tamisage dans le tamis n° 2.

On pèse le résidu et on calcule la finesse que l'on corrige d'après le résidu éliminé.

Une autre partie de la scorie tamisée par le tamis n° 1, sert, sans autre préparation, pour le dosage de l'acide phosphorique et on corrige le dosage d'après le résidu éliminé au n° 1.

B. — SUBSTANCES ALIMENTAIRES DU BÉTAIL

Préparation de la substance à analyser. — Les tourteaux, sons, etc., etc., sont réduits à l'aide d'un moulin à un degré de finesse suffisant pour passer au tamis de 1 millimètre.

Dosage de l'eau. — 5 grammes sont desséchés dans l'étuve à air à la température de 100 à 105° C. jusqu'à poids constant.

Dosage des cendres. — 5 grammes sont incinérés, sans être remués, à douce chaleur, de préférence dans un mouffle, jusqu'à ce que les cendres soient blanches ou faiblement grisâtres.

N.-B. — Tolérance, d'après la loi belge ; dans le taux des matières minérales insolubles dans les acides minéraux : la proportion tolérable des substances minérales étrangères insolubles dans l'eau chaude renfermant environ 10 p. 100 d'acide chlorhydrique (sable, terre, etc., adhérents aux grains ou introduits par la mouture industrielle, substances qui ne font pas partie des cendres physiologiques), est fixée à 2 p. 100.

Dosage de la matière albuminoïde brute. — 1 à 2 grammes (suivant la richesse) de substance sont traités d'après Kjeldahl, comme cela est décrit dans l'analyse des matières fertilisantes renfermant de l'azote organique (p. 75).

Azote $\times$ 6,25 = matière albuminoïde brute.

Dosage de la matière albuminoïde pure d'après Stutzer (éventuellement) : — 1 gramme est additionné de 100 centimètres cubes d'eau et porté à l'ébullition. On ajoute ensuite 2 à 3 centimètres cubes d'une solution saturée d'alun pour empêcher la production d'alcali libre par l'action de l'hydrate de cuivre sur les phosphates alcalins. On verse ensuite, avec une pipette, une quantité d'hydrate de cuivre, correspondant à environ 0^{gr},4 d'oxyde de cuivre (voy. plus loin la préparation du réactif Stutzer). Après refroidissement, on amène le résidu quantitativement sur le filtre, on lave d'abord à l'eau, ensuite à l'alcool et dose l'azote, dans la substance + filtre, d'après Kjeldahl, sans dessication préalable.

Azote × 6.25 = matière albuminoïde pure.

Si la substance contient un alcaloïde, on enlève d'abord celui-ci en faisant bouillir la matière au bain de sable avec 100 centimètres cubes d'alcool additionnés de 1 centimètre cube d'acide acétique. Après dépôt, on décante l'alcool sur le filtre qui doit servir dans la suite à la filtration du précipité cuivrique.

Dosage de la matière grasse. — 3 à 5 grammes de substance sont épuisés dans un des extracteurs connus, par le tétrachlorure de carbone ou par l'éther. L'éther du commerce doit être traité par le sodium et redistillé, et lorsqu'on emploie ce dissolvant, la substance doit être préalablement desséchée à 100° C. dans un courant de gaz inerte ou dans le vide.

La matière grasse réunie dans un ballon de 100 à 150 centimètres cubes est, après avoir chassé le dissolvant, desséchée pendant deux heures de 98 à 100° C., par exemple dans une étuve à eau bouillante (étuve de Gay-Lussac) et pesée.

Pour l'analyse des substances contenant des matières solubles dans l'éther, autres que la graisse (telles que pulpes, drèches, vinasses), le produit de l'extraction est redissous dans l'éther. On ajoute de l'alcool en volume égal à l'éther, neutralise exactement par de la soude étendue, évapore à siccité, reprend la graisse par l'éther, filtre dans un ballon taré, sèche pendant deux heures comme ci-dessus et pèse la graisse pure.

Dosage de la cellulose brute. — 3 grammes de substance sont additionnés de 200 centimètres cubes d'acide sulfurique à 1,25 p. 100. On fait bouillir une demi-heure en maintenant constant le niveau du liquide. On laisse déposer et on décante. On extrait ensuite deux fois dans les mêmes conditions, avec 200 centimètres cubes d'eau. Les liquides de décantation sont réunis dans un verre à pied et agités, après dépôt ils sont siphonés. Le résidu est réuni à la masse principale de la substance et le tout est traité comme ci-dessus, d'abord avec 200 centimètres cubes de lessive de potasse à 1,25 par 100, puis deux fois avec 200 centimètres cubes d'eau. Les liquides de décantation sont réunis, agités, additionnés d'eau bouillante et siphonés après dépôt. La matière est réunie au résidu contenu dans le verre à pied, le tout est lavé par décantation 2 ou 3 fois avec de l'eau bouillante et amené sur un filtre taré. Laver à l'alcool chaud et à l'éther, sécher à 100° C. et peser.

On détermine la cendre dans le produit obtenu et on la déduit.

La poire de Holdefleiss facilite ces différentes opérations. En employant la poire de Holdefleiss, on procède comme suit : 3 grammes de matière + 200 centimètres cubes acide sulfurique à 1,25 p. 100 ; porter à l'ébullition pendant une demi-heure par injection de vapeur, filtrer sur tampon en amiane, laver à l'eau chaude jusqu'à disparition de la réaction acide. Le résidu + 200 centimètres cubes de lessive de potasse à 1,25 p. 100 est porté à l'ébullition pendant une demi-heure comme ci-dessus. Lavage jusqu'à disparition de la réaction alcaline. Laver à l'alcool et à l'éther, sécher et peser. Incinérer, peser à nouveau. Différence de poids = Cellulose brute.

ANNEXE

—

PRÉPARATION DES RÉACTIFS SPÉCIAUX

1. — *Nitro-molybdate d'ammoniaque.*

150 grammes de molybdate d'ammoniaque sont dissous dans un litre d'eau distillée. On verse la solution dans un litre d'acide nitrique à 1,20.

2. — *Mixture magnésienne.*

Chlorure de magnésium cristallisé. . . . . .   80 grammes.
Chlorure d'ammonium cristallisé.   . .   160   —
Ammoniaque à 10 p. c. (0,96).   320   —

Faire un volume de 1 000 centimètres cubes avec de l'eau distillée, laisser déposer 48 heures, filtrer.

3. — *Citrate d'ammoniaque alcalin.*

(Formule Petermann)

500 grammes d'acide citrique pur sont dissous dans l'ammoniaque à 20 p. 100 (0,92) jusqu'à réaction neutre (il faut environ 700 centimètres cubes).

On amène la concentration du liquide refroidi à la densité de 1,09 à 15° C en ajoutant de l'eau. On ajoute par litre 50 centimètres cubes d'ammoniaque à 20 p. 100 (0,92), agite, laisse reposer quarante-huit heures et on filtre. (La densité du réactif achevé est de 1,082 à 1,083).

4. — *Préparation du réactif de Stutzer.*

On dissout 100 grammes de sulfate de cuivre cristallisé dans 5 litres d'eau, ajoute environ 2 grammes de glycérine et précipite l'oxyde hydraté par une lessive de soude étendue, ajoutée jusqu'à réaction alcaline. On filtre et délaie le précipité dans de l'eau renfermant 5 grammes de glycérine par litre. Par des décantations et des filtrations, on débarrasse le précipité complètement de son excès d'alcali et finalement on le triture avec de l'eau glycérinée pour le transformer en bouillie pouvant être aspirée par une pipette, bouillie qui se conserve parfaitement à l'obscurité dans des flacons bien bouchés.

L'évaporation et l'incinération de 10 centimètres cubes de la bouillie cuivrique fournissent la quantité de l'oxyde de cuivre contenu dans le réactif.

III

ALLEMAGNE ET SUISSE

HISTORIQUE

Les méthodes suivantes ont été arrêtées par les réunions annuelles de l'Association libre des directeurs des Stations agronomiques de l'Allemagne, connue sous le nom de *Verband deutscher landwirthschaftlicher Versuchsstationnen* dont les procès-verbaux sont publiés dans le journal *Die Landwirthschaftliche Versuchsstationnen*, qui est l'organe de ladite Association. Ces méthodes, étudiées dans leurs moindres détails opératoires au moyen d'essais comparatifs et perfectionnées sans cesse, se trouvent un peu éparpillées dans le journal indiqué, et M. le D^r *von Grueber*, président de la Commission analytique du Syndicat des fabricants d'engrais de l'Allemagne, les a réunies dans une brochure publiée en 1895 et dont il a donné en 1898 une seconde édition mise à jour.

En Suisse, une réunion tenue, le 27 juillet 1897 par la Commission technique et les directeurs des Laboratoires de contrôle, etc., a décidé d'admettre comme méthodes d'analyses officielles pour les engrais et les fourrages les méthodes allemandes telles qu'elles ont été arrêtées par les directeurs des Stations agronomiques de ce pays.

I. — PRÉPARATION DES ÉCHANTILLONS

a. Les échantillons secs de phosphate ou autres engrais artificiels doivent être tamisés et ensuite mélangés.

b. Dans le cas où les engrais sont humides et ne peuvent pas être tamisés, il faut se borner à bien les mélanger à la main.

c. Dans les phosphates bruts et le charbon d'os, il faut déterminer la teneur en eau.

d. Dans les substances dont la teneur en eau change lors de la pulvérisation, il faut doser l'eau dans la substance initiale et dans la substance finement divisée. Le résultat est rapporté à la substance initiale.

II. — DOSAGE DE L'EAU

Pour doser l'eau, on pèse 10 grammes de substance que l'on fait sécher à 100° jusqu'à poids constant. Les engrais contenant du gypse doivent être séchés pendant trois heures. Si les engrais renferment des substances volatiles, celles-ci sont dosées séparément et leur poids est soustrait de celui de l'eau trouvée.

III. — DÉTERMINATION DE LA PARTIE INSOLUBLE

La détermination de la partie insoluble qui, comme celle de l'humidité, ne sert qu'à établir l'identité des échantillons, c'est-à-dire à calculer le poids de la substance pure, est opérée sur 10 grammes de substance.

a. On fait dissoudre dans un acide minéral, on évapore pour rendre la silice insoluble, on filtre, on lave le précipité, on calcine et on pèse.

b. On dissout dans l'eau, on filtre, on lave et on sèche le résidu à 100° jusqu'à poids constant.

IV. — DOSAGE DE L'ACIDE PHOSPHORIQUE

A. — ACIDE PHOSPHORIQUE SOLUBLE ET ACIDE PHOSPHORIQUE TOTAL DANS LES SUPERPHOSPHATES

Les précipités et les phosphates bruts, les scories Thomas exceptées. — 20 grammes de superphosphate sont introduits dans un flacon de 1 litre de capacité, et contenant 800 centimètres cubes d'eau, et le mélange est agité vigoureusement et d'une manière continue pendant une demi-heure. Ensuite, on ajoute de l'eau jusqu'au trait, on agite de nouveau et l'on filtre. Pour agiter le mélange, il convient d'employer des machines à agiter actionnées à la main ou par un moteur quelconque. Le nombre de tours doit être de 150 par minute. Les solutions de superphosphates doubles doivent être bouillies avec de l'acide azotique avant la précipitation de l'acide phosphorique. Cette opération a pour but de transformer en acide orthophosphorique l'acide pyrophosphorique qu'elle pourraient renfermer. Pour 25 centimètres cubes de la solution de superphosphate, il faut employer 10 centimètres cubes d'acide azotique concentré

Pour le dosage de l'acide phosphorique dans la farine d'os, le guano de poisson, les engrais de viande et les phosphates bruts, ainsi que pour le dosage de l'acide phosphorique total dans les superphosphates, on dissout 5 grammes de substance dans 50 centimètres cubes d'eau régale ou bien on fait bouillir la matière pendant une demi-heure dans un mélange de 20 centimètres cubes d'acide azotique de 1,45 de densité et de 50 centimètres cubes d'acide sulfurique de 1,84 de densité. Après refroidissement, on ajoute de l'eau jusqu'à concurrence de 250 centimètres cubes et l'on filtre.

a. Méthode au molybdate. — Préparation des réactifs.

1° *Liqueur molybdique*. — 100 grammes d'acide molybdique pur sont dissous dans 400 grammes d'ammoniaque de 0,960 de densité ($= 10$ p. 100), et la solution obtenue est jetée dans $1^{gr},500$ d'acide azotique de 1,2 et de densité. Le mélange est chauffé pendant une heure à 50° et abandonné ensuite à lui-même pendant deux à trois jours dans un endroit modérément chaud, pour permettre aux petites quantités d'acide phosphorique éventuellement contenues dans le réactif de se déposer. Il convient de ne pas chauffer à une température supérieure à 50°, car, à 90° l'acide molybdique se dépose dans une forte proportion.

2° *Liqueur magnésienne.* — 550 grammes de chlorure de magnésium et 1050 grammes de chlorure d'ammonium sont dissous dans l'eau, traités par 3 litres et demi d'ammoniaque concentrée de 0,91 de densité ($= 24$ p. 100) et le mélange est additionné d'eau jusqu'à concurrence de 10 litres.

50 centimètres cubes de la solution de superphosphate ou de phosphate brut, si ces engrais ne renferment pas plus de 20 p. 100 d'acide phosphorique (50 centimètres cubes de la solution $= 1$ gramme de substance), ou 25 centimètres cubes ($= 0^{gr},95$ de substance dans le cas d'engrais plus riches en acide phosphorique), sont mis à digérer avec 200 centimètres cubes de la solution molybdique au bain-marie à 50° pendant trois heures ; la solution est complètement refroidie avant de séparer par le filtre le précipité jaune.

Après avoir filtré le liquide clair sur un petit filtre, on lave le précipité par décantation avec un liquide contenant 100 parties de la solution molybdique, 20 parties d'acide azotique de 1,2 de densité et 80 parties d'eau, jusqu'à ce que le liquide de lavage ne donne plus la réaction de la chaux, cinq lavages avec 20 centimètres cubes de liquide semblent être suffisants. Pour déceler la présence de la chaux, on traite 1 centimètre cube de l'eau de lavage par l'alcool acidulé par une petite quantité d'acide sulfurique. Le lavage est complet lorsque le mélange ne donne plus de trouble. On peut aussi laver le précipité par une solution d'azotate d'ammoniaque contenant de l'acide azotique — 75 grammes d'azotate d'ammoniaque et 50 centimètres cubes d'acide azotique de 1,20 de densité dissous dans l'eau de manière à former un litre. On lave jusqu'à disparition de la réaction molybdique (coloration brune par le ferrocyanure de potassium).

Le petit filtre contenant une faible quantité de précipité est lavé par le liquide décrit plus haut, l'entonnoir avec le filtre est placé sur le ballon contenant la portion principale du précipité, et lavé avec une quantité aussi petite que possible d'ammoniaque à 10 p. 100 chaude, jusqu'à complète dissolution du précipité. On lave ensuite sept à huit fois à l'eau chaude. Si la quantité d'ammoniaque ainsi introduite dans le ballon n'est pas suffisante pour dissoudre le précipité qu'il renferme, on en ajoute juste assez pour effectuer la dissolution. Si la solution n'est pas claire, on filtre sur le petit filtre déjà employé. La solution encore chaude du précipité jaune est neutralisée aussi exactement que possible par l'acide chlorhydrique (le précipité qui se forme à la fin par l'addition d'une goutte d'acide chlorhydrique ne doit se dissoudre que lentement), refroidie, précipitée par 20 centimètres cubes de la solution magnésienne ajoutés goutte à goutte et traitée par 25 centimètres cubes d'ammoniaque à 5 p. 100. Après deux heures de repos, on sépare le précipité par le filtre et on lave à l'ammoniaque à 5 p. 100 jusqu'à élimination complète du chlore.

Après avoir séché à 100° le précipité de phosphate magnésio-ammoniacal, on le détache du filtre, on l'introduit dans un creuset de platine et on incinère le filtre sur le même creuset. On commence par calciner le

précipité à la flamme d'un bon bec Bunsen. Si on se sert
d'un creuset Gooch, on fait également sécher le précipité à 100°, on place le creuset dans une enveloppe de
platine et on calcine à la flamme du bec Bunsen. Dans
les deux cas on chauffe ensuite pendant cinq minutes au
chalumeau en ayant soin d'éviter l'accès des gaz réducteurs à l'intérieur du creuset. On calcine jusqu'à poids
constant.

b. MÉTHODE AU CITRATE. — Préparation de la solution. —
550 grammes d'acide citrique pur et 2 000 grammes
d'ammoniaque de 0,91 de densité ($= 24$ p. 100) sont dissous dans l'eau de manière à former 5 litres. La solution
est filtrée avant d'être employée.

Pour doser l'acide phosphorique, 50 ou 25 centimètres
cubes de la solution d'engrais ($= 1$ gramme ou $0^{gr},95$
de substance), suivant que l'engrais renferme moins de
20 p. 100 ou plus de 20 p. 100 P^2O^5, sont traités par 50 centimètres cubes de la solution de citrate et 25 centimètres cubes de la solution magnésienne, le mélange
est bien remué ou agité pendant une demi-heure dans
une fiole Erlenmeyer et filtré au bout d'une heure. Les
25 centimètres cubes de la solution magnésienne doivent
être ajoutés goutte à goutte au milieu du liquide pour
empêcher le précipité de se déposer sur les parois. Le
précipité de phosphate magnésio-ammoniacal est traité
ensuite exactement comme il a été décrit dans la méthode au molybdate.

c. Méthode à l'urane. — Bien que surannée, cette méthode, exécutée avec soin donne des résultats rapides et
sûrs, notamment dans le cas de superphosphates contenant peu de fer et d'alumine, et peut par conséquent
rendre service dans l'analyse technique. 50 centimètres

cubes de la solution de phosphate (= 1 gramme de substance) sont traités dans un gobelet par 12,5 centimètres cubes d'acétate d'ammoniaque en solution· acide. Après dépôt, la solution est filtrée dans un ballon de 400 à 500 centimètres cubes de capacité, et le précipité est lavé à l'eau chaude jusqu'à réaction neutre. La portion filtrée et les eaux de lavage réunies sont bouillies avec une solution d'acétate ou d'azotate d'urane, dont le titre est connu. On cesse d'ajouter la solution uranique lorsque, dans un essai prélevé, la présence de la solution d'urane non décomposée peut être décelée par le ferrocyanure de potassium. D'après la quantité de solution uranique employée, on calcule la teneur en acide phosphorique de la substance. Le précipité avec son filtre est calciné et pesé. La moitié de son poids représente P^2O^5 et doit être ajoutée au nombre obtenu par le titrage.

Préparation des solutions . — Liqueur titrée d'urane. — 500 grammes d'acétate ou d'azotate d'urane chimiquement pur sont dissous dans 13 à 14 litres d'eau et la solution obtenue est additionnée de 100 centimètres cubes d'acide azotique de 1,2 de densité. Le titre de cette solution est établi sur une solution de phosphate acide de chaux dont la teneur en P^2O^5, dans 50 centimètres cubes, est déterminée gravimétriquement. On peut aussi se servir d'une solution de superphosphate exempte de fer.

On prépare la solution de phosphate acide de chaux en faisant digérer 5,5 grammes de phosphate tricalcique sec avec de l'acide sulfurique étendu, ajoutant de l'eau jusqu'à concurrence de 1 litre et filtrant.

Solution d'acétate d'ammoniaque. — 100 grammes d'acétate d'ammoniaque chimiquement pur sont dissous

dans 900 centimètres cubes d'eau et la solution est additionnée d'acide acétique glacial jusqu'à concurrence de 1 litre.

Solution de ferrocyanure de potassium. — 0^{gr},5 de ferrocyanure de potassium chimiquement pur et réduit en poudre fine sont dissous dans 40 centimètres cubes environ d'eau. Cette solution doit être préparée au moment de s'en servir.

B. — ACIDE PHOSPHORIQUE SOLUBLE DANS LE CITRATE

a. MÉTHODE WAGNER. — 5 grammes de superphosphate ou de précipité sont broyés avec une solution étendue de citrate, le mélange est introduit dans une fiole jaugée de 500 centimètres cubes de capacité et la fiole est remplie de la solution de citrate jusqu'au trait marquant 500 centimètres cubes. On abandonne le tout à lui-même à la température ordinaire pendant dix-huit heures en agitant fréquemment, et on filtre. A 50 centimètres cubes de la portion filtrée, on ajoute de la solution molybdique dans la proportion de 1 centimètre cube pour chaque milligramme P^2O^5 en présence et on traite le mélange par le quart de son volume d'une solution concentrée d'azotate d'ammoniaque. Après avoir chauffé au bain-marie à 50° pendant vingt minutes environ et laissé refroidir, on filtre, on lave le précipité par une solution étendue d'azotate d'ammoniaque, on perce le filtre, et au moyen d'une solution ammoniacale à 2,5 p. 100 on transvase le précipité dans le gobelet dont on s'est servi pour précipiter la solution d'acide phosphorique. On lave bien le filtre par la même solution et on ajoute au liquide contenu dans le gobelet goutte à goutte 20 centimètres cubes de mélange magnésien en remuant constamment. Au bout d'une heure, on filtre, on lave le précipité à l'ammoniaque à **2,5** p. 100, on fait sécher et on calcine.

Préparation des solutions à employer :

1° Solution concentrée de citrate. — 150 grammes d'acide citrique sont introduits dans une fiole de 1 litre, dissous dans l'eau et neutralisés par l'ammoniaque. A la solution étendue, on ajoute encore 10 grammes d'acide citrique et de l'eau jusqu'au trait.

2° Solution étendue de citrate. — 1 volume de la solution concentrée de citrate est étendu de 4 volumes d'eau.

3° Solution concentrée d'azotate d'ammoniaque. — 750 grammes d'azotate d'ammoniaque sont dissous dans l'eau de manière à former 1 litre.

4° Solution molybdique. — 150 grammes de molybdate d'ammoniaque sont dissous dans l'eau de manière à former 1 litre, et la solution obtenue est mélangée avec un litre d'acide azotique de 1,2 de densité.

5° Mixture magnésienne — 100 grammes de chlorure de magnésium pur et cristallisé et 140 grammes de chlorhydrate d'ammoniaque sont dissous dans 1,300 centimètres d'eau et la solution est additionnée de 700 centimètres cubes d'ammoniaque à 8 p. 100.

b. *Méthode belge, suivant Petermann. — Quantités à employer.* — 1 gramme de substance, pour les superphosphates et les précipités contenant plus de 20 p. 100 P^2O^5 ; 2 grammes pour les superphosphates renfermant 10 à 20 p. 100 P^2O^5 ; 4 grammes pour les superphosphates à moins de 10 p. 100 P^2O^5 et pour les engrais composés.

Traitement. — La pesée est d'abord introduite dans un mortier de verre et broyée à sec. On ajoute ensuite quelques gouttes d'eau et on triture de nouveau jusqu'à ce que la substance se soit finement divisée. On répète trois fois cette opération, en décantant le liquide sur un filtre et en recueillant la portion filtrée dans un ballon de 250 centimètres cubes. On lave le précipité sur le filtre jusqu'à ce que le volume du liquide dans le ballon s'élève à 200 centimètres cubes environ et on ajoute de l'eau jusqu'au trait.

Le filtre contenant le résidu insoluble est introduit dans un ballon de 250 centimètres cubes contenant 100 centimètres cubes de citrate d'ammoniaque alcalin (solution Petermann). On abandonne le mélange à lui-même pendant quinze heures en agitant de temps à autre, et on fait ensuite digérer au bain-marie à 40° pendant une heure en comptant à partir du moment où le thermomètre du bain-marie marque cette température.

Précipitation. — Après avoir laissé refroidir la solution, on y ajoute de l'eau jusqu'à concurrence de 250 centimètres cubes, on filtre et on mélange 50 centimètres cubes de cette solution avec 50 centimètres cubes de la solution aqueuse obtenue en premier lieu (si cette dernière solution s'est troublée, on fait disparaître le trouble par l'addition de quelques gouttes d'acide azotique). La somme de P^2O^5 soluble à l'eau et soluble au citrate est déterminée soit par la méthode au molybdate, soit par celle au citrate.

Préparation de la solution Petermann. — 500 grammes d'acide citrique sont traités dans l'ammoniaque de 0,91 de densité jusqu'à réaction neutre (il faut environ 700 centimètres cubes d'ammoniaque). La solution obtenue est étendue d'eau de manière à posséder la densité de 1,09 à 15°, additionnée de 50 centimètres cubes d'ammoniaque de 0,91 de densité par litre et filtrée après quarante-huit heures de repos.

C. — ACIDE PHOSPHORIQUE LIBRE

De l'extrait aqueux de superphosphate obtenu comme il vient d'être décrit, on prélève une portion représentant 1 gramme de substance, on l'étend d'eau jusqu'à concurrence de 100 centimètres cubes et on la traite par deux à trois gouttes de méthylorange ou solution aqueuse (1 p. 100). On titre ensuite avec une lessive de soude jusqu'à ce que la coloration rouge ait disparu pour faire place à une coloration jaune. Pour établir le titre de la lessive de soude, on se sert d'une solution d'acide phosphorique pur dont on connaît la teneur exacte en P^2O^5 et que l'on titre avec la lessive de soude (et non inversement) en employant le méthylorange comme indicateur. Si la matière colorante est de bonne qualité, le changement de coloration est très net et se produit dès que la totalité de l'acide phosphorique a été transformé en sel primaire, suivant, l'équation :

$$H^3PO^4 + NaHO = NaH^4PO^4 + H^2O$$

V. — ANALYSE DES SCORIES THOMAS

A. — DOSAGE DE L'ACIDE PHOSPHORIQUE TOTAL

a. *Méthode à l'acide chlorhydrique.* — 10 grammes de farine Thomas broyés et tamisés au tamis n° 60 (s'il reste un résidu de fer, on en tiendra compte dans le calcul final) sont introduits dans une fiole jaugée de 500 centimètres cubes, traités par 80 centimètres cubes d'acide chlorhydrique concentré et la solution est évaporée au bain-marie jusqu'à consistance sirupeuse. Après avoir ajouté quelques gouttes d'acide chlorhydrique à la solution, on laisse refroidir et on ajoute de l'eau jusqu'au trait. A 50 centimètres cubes de la solution filtrée, on ajoute 100 centimètres cubes de citrate ammoniacal suivant Maercker (1 500 grammes d'acide citrique, 5 000 centimètres cubes d'ammoniaque à 24 p. 100, eau jusqu'à concurrence de 15 litres), on précipite par 25 centimètres cubes de mélange magnésien, on agite pendant une demi-heure, on filtre après deux heures de repos et on traite la solution filtrée comme il a été décrit dans le dosage de l'acide phosphorique soluble à l'eau.

b. *Méthode à l'acide sulfurique.* — 10 grammes de farine Thomas sont traités par quelques centimètres cubes d'acide sulfurique étendu (1 : 2), et le mélange est bien agité. Après addition de 50 centimètres cubes d'acide sulfurique concentré, le mélange est chauffé, d'abord à l'ébullition, ensuite à l'ébullition douce, jusqu'à ce que la masse soit devenue épaisse. On ajoute alors de l'eau jusqu'à concurrence de 500 centimètres cubes et, dans la solution filtrée, on dose l'acide phosphorique soit par la méthode au citrate, soit par la méthode au molybdate.

B. — Dosage de l'acide phosphorique soluble au citrate (suivant P. Wagner).

a. *Préparation des solutions.* — 1° *Solution concentrée de citrate d'ammoniaque.* — Cette solution doit renfermer exactement au litre : acide citrique pur et cristallisé, 150 grammes ; azote ammoniacal, 23 grammes, soit 27,93 gr. AzH^3.

A titre d'exemple, voici comment nous avons préparé 10 litres de cette solution.

1 500 grammes d'acide citrique ont été dissous dans 2 litres d'eau et 3 500 centimètres cubes d'ammoniaque à 8 p. 100. La solution refroidie a été étendue d'eau exacte-

ment jusqu'à concurrence de 8 litres, 25 centimètres cubes
de cette solution ont été étendus d'eau de manière à
former 250 centimètres cubes, et 25 centimètres cubes de
cette solution étendue ont été traités par 3 grammes de
magnésie calcinée et 200 centimètres cubes d'eau, et le
mélange a été soumis à la distillation, la portion distillée
étant recueillie dans 40 centimètres cubes d'acide sulfurique demi-normal. L'azote ammoniacal trouvé corres-
pondait à 20 centimètres cubes de soude $\frac{n}{4}$. Par conséquent, les 8 litres de la solution de citrate renfermaient
$$\frac{20 \times 0,0035}{2,5} \times 8\,000 = 224 \text{ grammes d'azote ammonia-}$$
cal. Pour préparer, avec 8 litres de cette solution renfer-
mant 1 500 grammes d'acide citrique et 224 d'azote d'ammoniacal, 10 litres d'une solution devant renfermer
1 500 grammes d'acide citrique et 230 grammes d'ammoniaque, il fallait donc ajouter à la solution de citrate
2 litres d'eau contenant 230 — 224 = 6 grammes d'azote
ammoniacal, soit 7,3 grammes d'ammoniaque = 91 gr.
d'ammoniaque à 8 p. 100 = 94 centimètres cubes d'ammoniaque de 0,967 de densité.

2° *Solution étendue de citrate d'ammoniaque*. —
2 volumes de la solution concentrée ci-dessus sont étendus de 3 volumes d'eau.

3° *Solution molybdique*. — Cette solution peut être préparée de deux manières :

α) 125 grammes d'acide molybdique sont placés dans
une fiole de 1 litre, mélangés avec 100 centimètres cubes
d'eau et dissous dans 300 centimètres cubes environ
d'ammoniaque à 8 p. 100. Le solution est additionnée de
400 grammes d'azotate d'ammoniaque, la fiole est remplie
d'eau jusqu'au trait et le liquide est versé dans 1 litre

d'acide azotique de 1,19 de densité. Le mélange est abandonné à lui-même pendant vingt-quatre heures à 35° environ, et filtré au bout de ce temps.

β) 150 grammes de molybdate d'ammoniaque sont placés dans une fiole de 1 litre et dissous dans l'eau. La solution est traitée par 400 grammes d'azotate d'ammoniaque, additionnée d'eau jusqu'à concurrence de 1 litre et versée dans 1 litre d'acide azotique de 1,19 de densité. Après vingt-quatre heures de repos à 35°, le liquide est filtré.

4° *Mixture magnésienne.* — 110 grammes de chlorure de magnésium pur et cristallisé et 140 grammes de chlorure d'ammonium sont traités par 700 centimètres cubes d'ammoniaque à 8 p. 100 et 1 300 centimètres cubes d'eau. Au bout de quelques jours la solution est filtrée.

d. *Dosage.* — 5 grammes de farine Thomas (non broyée et non tamisée (c'est-à-dire, telle qu'elle est fournie par le commerce) sont placés dans une fiole de 500 centimètres cubes, et celles-ci est remplie jusqu'au trait de la solution étendue de citrate d'ammoniaque, à la température de 17°,5. La fiole est bouchée par un bouchon de caoutchouc et agitée pendant trente minutes dans un appareil rotatoire faisant 30 à 40 révolutions par minute. Le mélange est aussitôt filtrée.

50 centimètres cubes de cette solution filtrée sont introduits dans un gobelet, traités par 100 centimètres cubes de la solution molybdique, le gobelet est placé pendant dix à quinze minutes au bain-marie chauffé de 80 à 95°. Après avoir laissé refroidir à la température ordinaire, on filtre, on lave le précipité jaune par une solution d'acide azotique à 1 p. 100 et on le fait dissoudre, à froid dans 100 centimètres cubes d'ammoniaque aqueuse à 2 p. 100. A la solution ammoniacale, on ajoute goutte à goutte et

en remuant constamment 15 centimètres cubes de mélange magnésien, on couvre le gobelet d'une plaque de verre et abandonne le mélange à lui-même pendant deux heures.

Au bout de ce temps, on recueille le précipité sur un filtre, dont la teneur en cendre est connue, on lave à l'ammoniaque à 2 p. 100, on fait sécher, on calcine à la flamme d'un bec Bunsen jusqu'à incinération complète du filtre (trente à quarante minutes) et ensuite pendant deux minutes au four Rossler, on laisse refroidir dans l'exsiccateur et l'on pèse.

Remarques sur la méthode précédente. — 1° Il va de soi que la solution de citrate doit renfermer *aussi exactement que possible* les quantités indiquées plus haut d'acide citrique pur et d'ammoniaque.

Tout changement de la teneur en acide citrique ou ammoniaque de la solution a pour conséquence un changement considérable dans la quantité d'acide phosphorique précipité.

2° La solution de citrate à employer doit avoir une température aussi voisine que possible de 17°,5. Les variations de température entraînent à de grandes erreurs. Pour cette raison, l'appareil rotatoire doit être placé dans une pièce dont la température est telle que, pendant la marche, la température de la solution de citrate ne subisse pas de variation appréciable.

3° L'expérience a montré que l'appareil rotatoire ne saurait aucunement être remplacé par un appareil agitateur. Les appareils agitateurs diffèrent beaucoup au point de vue de leur construction et de leur force, et des différences appréciables peuvent être introduites de ce fait dans les résultats de l'analyse.

On se sert de l'appareil rotatoire fabriqué par la maison Ehrhardt et Metzger à Darmstadt qui est construit en métal et actionné par un petit moteur à air chaud, ou encore d'un appareil rotatoire actionné par un mouvement d'horlogerie et fabriqué par la maison F. A. Beyes à Hildesheim.

4° L'appareil rotatoire ne doit pas faire plus de 40 et moins de 30 révolutions par minute, et la durée de l'opération doit être exactement d'une demi-heure. Au bout de ce temps, il faut filtrer sans tarder, pour éviter une erreur dans un sens ou dans l'autre.

5° La filtration doit être autant que possible accélérée. Si, au début, la portion filtrée est trouble, il faut la remettre sur le filtre, jusqu'à ce que le liquide filtré soit parfaitement limpide. D'autre part, il faut éviter de prolonger la durée de la filtration.

6° De récentes recherches ont démontré que la précipitation directe de l'acide phosphorique dans la solution de citrate par le mélange magnésien donne de bons résultats, mais une fois préparée, la solution ne peut pas être gardée pendant longtemps et doit être précipitée tout au plus deux heures après sa préparation.

7° Pour précipiter l'acide phosphorique, il ne faut se servir que de la solution molybdique indiquée plus haut et contenant de l'azotate d'ammoniaque.

8° Si le gobelet contenant le mélange de solutions de phosphate et de molybdate plonge entièrement dans le bain-marie, cinq minutes de digestion suffisent pour précipiter la totalité de l'acide phosphorique. Généralement dix à quinze minutes de digestion donnent les meilleurs résultats. Si on prolonge la digestion au-delà de cinquante minutes, le précipité se souille de silice, et le résultat est entaché d'erreur.

Il importe que le précipité jaune se dissolve immédiatement et *complètement* dans l'ammoniaque à **2** p. 100 (non chauffée). Si la solution ne devient limpide qu'au bout de quelque temps, le travail entier est à rejeter.

C. — Détermination de la teneur en poudre impalpable

50 grammes de farine Thomas sont passés sur un tamis n° 100 (fabriqué par Amandus Kahl, à Hambourg), pendant quinze minutes.

VI. — DOSAGE DE LA POTASSE

A. — Dans les sels de potassium concentrés

a. *Chlorure de potassium :* 1° *Dosage du chlorure de potassium.* — 7,6405 grammes de substance finement broyée sont dissous dans l'eau de manière à former 500 centimètres cubes. Si les sels renferment plus de 0,5 p. 100 d'acide sulfurique (SO^3), il est nécessaire de transformer préalablement les sulfates en chlorures au moyen de chlorure de baryum, 20 centimètres cubes ($= 0,3056$ grammes de substance) de la solution ou de la portion filtrée sont additionnés de 5 centimètres cubes d'une solution de bichlorure de platine et évaporés au bain-marie, dans une capsule plate de 10 centimètres environ de diamètre, jusqu'à ce que la masse sirupeuse se prenne rapidement par le refroidissement en cristaux fins. Le résidu est broyé finement dans un mortier de verre, repris par 20 centimètres cubes d'alcool, et transporté sur un filtre préalablement séché à la température de 120 à 130°, pesé encore chaud et humecté avec une petite quantité d'alcool. La filtration peut être accélérée par une aspiration modérée. Le lavage du chloroplatinate de potassium peut être effectué facilement sur le filtre même. Le filtre contenant le précipité est pressé entre quelques feuilles de papier à filtrer, séché à la température de 120 à 130° jusqu'à poids constant et pesé encore chaud ; 1 milligramme de chloroplatinate de potassium représente 0,1 p. 100 de chlorure de potassium.

2° *Dosage du chlorure de sodium.* — 12,5 grammes de substance sont additionnés d'une petite quantité de carbonate de potasse (pour transformer les composés de calcium et de magnésium en carbonates), introduits dans une fiole jaugée de 250 centimètres cubes, dissous à l'ébullition dans 25 centimètres cubes d'eau, et la fiole est remplie jusqu'au trait d'alcool absolu. 100 centimètres cubes de la solution filtrée (représentant 5 grammes de substance) sont additionnés de quelques gouttes d'acide chlorhydrique concentré (pour transformer le carbonate de potasse en chlorure de potassium) et évaporés à siccité dans une capsule de porcelaine ou de platine. Le résidu est faiblement calciné et pesé. Dans le mélange de chlorure de potassium et de chlorure de sodium, le premier est dosé comme il a été décrit plus haut, et le second par différence, ou bien déterminé par le titrage du mélange avec une solution décinormale d'azotate d'argent (voir *Appendice*).

3° *Dosage du chlorure de magnésium.* — 25 grammes de substance sont dissous dans une fiole jaugée de 500 centimètres cubes, la solution est additionnée de 10 centimètres cubes de potasse normale et d'eau jusqu'à concurrence de 500 centimètres cubes. 50 centimètres cubes de la solution filtrée sont titrés avec une solution décinormale d'acide sulfurique. La présence de composés de calcium dans la solution n'exerce pas d'influence sur le résultat.

b. *Dosage du sulfate de potasse dans le sulfate de potasse et le sulfate double de potasse et de magnésie.* — 8,9235 grammes de substance finement broyés sont dissous à l'ébullition dans 350 centimètres cubes environ d'eau additionnée de 20 centimètres cubes d'acide chlorhydrique concentré. On précipite l'acide sulfurique en ajoutant à la solution bouillante goutte à goutte, au moyen d'une burette, une solution de chlorure de baryum. L'opération est terminée, lorsqu'un petit cristal de chlorure de baryum ne produit plus de trouble dans la solution filtrée. L'excès éventuel de chlorure de baryum doit être éliminé au moyen d'acide sulfurique. Après refroidissement, on ajoute de l'eau à la solution de manière à avoir 500 centimètres cubes, on filtre et on traite 20 centimètres cubes de la solution filtrée (représentant 0,357 grammes de substance) comme à l'ordinaire par 5 centimètres cubes de chlorure de platine. 1 milligramme K_2PtCl_6 correspond à 0,1 p. 100 K_2SO_4. Si on a affaire au sulfate de potasse, le résultat obtenu doit être augmenté de 0,3 p. 100, tandis que, pour le sulfate double de potasse et de magnésie, aucune correction n'est nécessaire.

c. *Dosage du chlorure de potassium et du sulfate de potasse dans les sels calcinés.* — 15,281 grammes de substance (pour le chlorure de potassium) ou 17,847 grammes de substance (pour le sulfate de potasse) sont dissous dans l'eau additionnée de 10 centimètres cubes d'acide chlorhydrique concentré, la solution est étendue d'eau de manière à avoir 500 centimètres cubes, filtrée, et 250 centimètres cubes de la portion filtrée (représentant 7,6405 grammes ou 8,9235 grammes de substance) sont traités comme il a été indiqué en b).

B. — DOSAGE DU SULFATE DE MAGNÉSIE DANS LA KIESERITE

10 grammes de kieserite finement pulvérisée sont introduits dans une fiole de 500 centimètres cubes remplie aux deux tiers environ d'eau, et le mélange est porté à l'ébul-

lition pendant une heure. Après refroidissement, la solution est traitée par 50 à 60 centimètres cubes de lessive de potasse double-normale et par 20 centimètres cubes d'une solution (1 : 10) d'oxalate neutre de potasse, additionnée d'eau jusqu'à concurrence de 500 centimètres cubes, et filtrée après un quart d'heure de repos. La solution est ensuite titrée avec une solution décinormale d'acide sulfurique. Le résultat obtenu doit être augmenté de 0,2 p. 100.

C. — Méthodes pour l'analyse des sels de potasse bruts. (carnalite, kaïnite, sylvinite et bergkieserite)

a. *Préparation des échantillons.* — Un échantillon de 500 grammes au moins doit être réduit en une poudre fine dans un moulin ou dans un mortier, pour éviter les différences dues à une pulvérisation insuffisante de la substance.

b. *Dosage de la potasse par précipitation.* — 37,50 gr. de kaïnite ou de sylvinite ou 30,56 grammes de carnalite ou de bergkieserite sont dissous à l'ébullition dans 350 centimètres cubes environ d'eau additionnée de 10 centimètres cubes d'acide chlorhydrique concentré, et, après refroidissement, la solution est étendue d'eau jusqu'à concurrence de 500 centimètres cubes. 50 centimètres cubes de la solution filtrée sont précipités, dans un ballon de 200 centimètres cubes, par une solution de chlorure de baryum, et 20 centimètres cubes = 0,3570 grammes ou 0,3056 grammes de substance sont évaporés avec 5 centimètres cubes de la solution de chlorure de platine et le résidu est traité comme il a été décrit plus haut.

c. *Analyse complète des sels bruts de potasse.* — On

fait dissoudre 100 grammes de substance à l'ébullition
dans 500 centimètres cubes environ d'eau, on filtre, on
lave le filtre et l'on ajoute à la portion filtrée de l'eau jusqu'à concurrence de 1 litre. On emploie une portion du
liquide pour le dosage gravimétrique de l'acide sulfurique
par la méthode usuelle, et dans une autre portion on dose
le calcium et le magnésium. Pour doser les chlorures
alcalins, on acidule par l'acide chlorhydrique et on
porte à l'ébullition 100 centimètres cubes de la solution
(= 10 grammes de substance), dans un ballon de 500 centimètres cubes et l'on précipite la totalité de l'acide sulfurique par le chlorure de baryum sans toutefois employer
un excès de celui-ci. Après avoir ajouté de l'eau jusqu'à
concurrence de 500 centimètres cubes, on filtre, on
évapore 50 centimètres cubes de la portion filtrée
(= 1 gramme de substance) à siccité, pour éliminer
l'acide chlorhydrique, et l'on décompose le chlorure de
magnésium par calcination avec de l'acide oxalique. Après
la calcination, on humecte le résidu avec une solution de
carbonate d'ammoniaque pour transformer en carbonate
la chaux-vive formée. Les chlorures alcalins, débarrassés
complètement de la chaux et de la magnésie, sont pesés,
et le chlorure de potassium est déterminé au moyen de
10 centimètres cubes de chlorure de platine. Le chlorure
de sodium est déterminé par différence. Pour la kaïnite et
la sylvinite, on effectue le calcul des résultats analytiques
en soustrayant de l'acide sulfurique total en solution l'acide
sulfurique combiné à la chaux. Le restant de l'acide sulfurique est divisé en deux parts pour calculer les quantités
respectives de sulfate de magnésie et de sulfate de potasse
suivant les rapports moléculaires qui existent entre ces
sels dans la kaïnite et la schönite. S'il reste un excédent
de potasse qui, d'après ce calcul, ne peut pas être combiné à l'acide sulfurique, cet excédent existe à l'état de

chlorure de potassium. La magnésie non combinée à l'acide sulfurique doit également être comptée en chlorure de magnésium. Ce calcul indique donc, d'une part, les quantités de potassium qui existent à l'état de kaïnite K^2SO^4, $MgSO^4$, $MgCl^2 + 6H^2O$ et de schönite K^2SO^4, $MgSO^4 + 6H^2O$, d'autre part, la quantité de potassium qui existe à l'état de chlorure de potassium. Le sodium est calculé en chlorure de sodium.

Dans la carnalite et la bergkieserite, la chaux est calculée en sulfate de chaux, et l'acide sulfurique non combiné à la chaux est attribué à la magnésie. La magnésie non combinée à l'acide sulfurique est calculée en chlorure de magnésium.

D. — Dosage de l'eau

Pour doser l'eau dans le chlorure et les autres sels concentrés, on chauffe un échantillon de 10 grammes dans un creuset de platine couvert, sur une petite flamme pendant dix minutes au rouge sombre. Pour éviter la décomposition du chlorure de magnésium dans les engrais qui en contiennent une forte proportion, l'échantillon doit être recouvert dans le creuset d'une couche de chaux vive bien calcinée, ou bien la perte de chlore est déterminée par titrage avant et après la calcination en tenant compte de l'oxgène fixé.

Appendice

1° Préparation de la solution de bichlorure de platine. — Pour récupérer le platine contenu dans les liqueurs alcooliques résultant du dosage du potassium, et dans les précipités de chloroplatinate de potassium, on étend la liqueur alcoolique du tiers de son volume d'eau, on chauffe au bain-marie à l'ébullition, on ajoute du carbonate de potasse et l'on introduit dans le liquide en réduction le chloroplatinate de potassium par petites portions. On continue de chauffer au bain-marie jusqu'à ce que le liquide alcalin qui couvre le dépôt de platine soit devenu complètement limpide. Le dépôt est purifié par ébullition avec de l'acide chlorhydrique et de l'eau, séché au bain-marie et calciné pour détruire les matières organiques. Il convient ensuite de faire bouillir le platine avec de l'acide azotique pur, de jeter le liquide et de dissoudre le platine à chaud dans quatre fois son poids d'acide chlorhydrique pur et concentré auquel on ajoute par petites portions de l'acide azotique dans la proportion de 1 partie AzO^3H pour 1 partie HCl. Le bichlorure de platine qui se prend par le refroidissement en un gâteau cristallin est repris par l'eau et, après filtration, la solution est étendue d'eau de manière à ce que 10 centimètres cubes renferment exactement 1 gramme de platine. Il faut surtout faire attention à ce que le chlorure soit exempt de chlorure platineux et de composés oxygénés d'azote. Le chlorure platineux est transformé en chlorure platinique au moyen d'acide chlorhydrique concentré et d'acide azotique. Les composés oxygénés de l'azote sont éliminés par évaporation avec addition alternante d'acide chlorhydrique et d'eau. Si l'on traite des résidus de platine en feuilles, il faut avoir le soin d'éliminer l'iridium en précipitant la solution par le chlorure d'ammonium et réduisant ultérieurement. Pour vérifier la pureté de la solution de bichlorure de platine, on se servira de chlorure de potassium chimiquement pur.

2° Préparation de la solution de chlorure de baryum. — 122 grammes de chlorure de baryum pur et cristallisé sont dissous dans l'eau additionnée de 50 centimètres cubes d'acide chlorhydrique concentré, de manière à former 1 litre.

3° *Alcool.* — Pour laver le chloroplatinate de potasse, il faut employer de l'alcool à 96 p. 100 au moins.

4° *Filtres.* — Les filtres suédois Munkell 1F conviennent le mieux pour la filtration du chloroplatinate de potassium.

E. — Superphosphates potassiques

20 grammes de substance sont bouillis deux fois avec 150 centimètrss cubes, le tout est additionné d'eau jusqu'à concurrence de 1 000 centimètres cubes et filtré. 200 centimètres cubes de la portion filtrée sont portés à l'ébullition et traités par la solution de chlorure de baryum tant qu'il se forme un précipité et le mélange est finalement additionné d'eau de baryte jusqu'à réaction fortement alcaline. Au mélange refroidi, on ajoute de l'eau jusqu'à concurrence de 400 centimètres cubes, on agite et on filtre. 200 centimètres cubes de la portion filtrée sont portés à l'ébullition et traités par du carbonate d'ammoniaque jusqu'à ce qu'il ne se forme plus de précipité.

Le mélange refroidi est étendu d'eau de manière à former 400 centimètres cubes ; 200 centimètres cubes de la portion filtrée sont évaporés à siccité dans une capsule de platine et le résidu, préalablement chauffé de 130 à 150° jusqu'à complète volatilisation des sels d'ammoniaque, est faiblement calciné.

Le résidu est repris par l'eau, filtré et lavé. La portion filtrée et les eaux de lavage sont faiblement acidulées par l'acide chlorhydrique, le liquide est évaporé à 50 centimètres cubes environ dans une capsule de porcelaine et traité par 10 centimètres cubes de la solution de bichlorure de platine. La marche ultérieure de l'analyse est celle indiquée en A (1°).

F. — ENGRAIS ORGANIQUES A BASE DE POTASSE

10 grammes de substance sont incinérés dans une capsule de platine, la cendre est transvasée, au moyen de 50 centimètres cubes d'acide chlorhydrique et de quelques gouttes d'acide azotique, dans un ballon jaugé de 500 centimètres cubes et le liquide est soumis à l'ébullition pendant une demi-heure. Après refroidissement, on étend d'environ 200 centimètres cubes d'eau, on précipite par le chlorure de baryum, on ajoute de l'eau jusqu'au trait et on filtre. 50 centimètres cubes de la solution filtrée sont neutralisés par l'ammoniaque et traités par le carbonate d'ammoniaque. On fait bouillir, on filtre et on lave trois fois le filtre à l'eau chaude. On évapore la portion filtrée dans une capsule de platine et, on élimine les sels d'ammoniaque par calcination ménagée On reprend le résidu par l'eau chaude et l'on filtre quantitativement sur un petit filtre en recueillant la portion filtrée dans une capsule de platine. La magnésie reste sur le filtre. On acidule la portion filtrée par quelques gouttes d'acide chlorhydrique, on traite par 100 centimètres cubes de solution de bichlorure de platine (10 centimètres cubes = 1 gramme Pt) et l'on procède ensuite comme il a été décrit plus haut.

G. — DOSAGE DE LA POTASSE SOLUBLE DANS LES SELS DE STASSFURT, D'APRÈS LA MÉTHODE ABRÉGÉE DÉCRITE PAR MULLER[1].

10 grammes de substance passée au tamis de 1 millimètre sont introduits dans 400 centimètres cubes d'eau et l'on fait bouillir pendant un quart d'heure. Après refroi-

---

[1] V. Landw. *Versuchs stationnen*, t. XLIX, n⁰ˢ 1 et 2, p. 7.

dissement, on ramène au volume de 500 centimètres cubes et l'on filtre.

250 centimètres cubes du filtrat sont introduits dans un ballon de 500 centimètres cubes, on y ajoute 10 centimètres cubes d'acide chlorhydrique et du chlorure de baryum en très faible excès, on fait bouillir, on complète après refroidissement le volume jaugé et l'on filtre. Avoir soin que le chlorure de baryum employé soit absolument pur, sans trace de potasse, ce que l'on vérifie par un essai a blanc.

100 centimètres cubes du filtrat (= 1 gramme de substance) sont concentrés dans une capsule de porcelaine jusqu'à environ 20 centimètres cubes, on ajoute alors 10 centimètres cubes de bichlorure de platine (= 1 gramme de platine) et l'on évapore à sec.

On humecte de quelques gouttes d'eau le résidu refroidi, on le recouvre avec de l'alcool de 80 p. 100; on broye finement à l'aide d'un pillon, on laisse reposer au moins dix minutes. On filtre alors et on lave le chloroplatinate avec de l'alcool de 80 p. 100, qu'on dessèche ensuite. On introduit le sel dans une capsule de platine tarée, on lave le filtre à l'eau bouillante ; on ajoute l'eau de lavage au sel qu'on évapore à sec sur un bain-marie et qu'on dessèche ensuite à 130° C. jusqu'au poids constant. On peut également introduire le chloroplatinate dans un creuset de Gooch, on lave ensuite avec de l'alcool de 80 p. 100, on sèche et l'on pèse. On redissout alors avec de l'eau chaude le chloroplatine qu'on lave à fond et l'on pèse le creuset. On a par différence le poids du chloroplatinate de potasse, qu'on multiplie avec **0,1927** pour avoir K^2O.

VII. — DOSAGE DE L'OXYDE DE FER ET DE L'ALUMINE DANS LES ENGRAIS

MÉTHODE E. GLASER, PERFECTIONNÉE PAR R. JONES. — 10 gr. de substance sont dissous dans 25 centimètres cubes d'acide chlorhydrique, et la solution est additionnée d'eau jusqu'à concurrence de 500 centimètres cubes. 50 centimètres cubes de cette solution = 1 gramme de substance sont évaporés à moitié dans un verre de bohême, traités encore chauds par 10 centimètres cubes d'acide sulfurique — 1 partie H^2SO^4 concentré pour 5 parties d'eau — le mélange est remué, additionné de 150 centimètres cubes d'alcool absolu, remué de nouveau et abandonné à lui-même pendant trois heures au moins. Le sulfate de chaux est recueilli sur un filtre et lavé à l'alcool absolu. La portion filtrée est recueillie dans une fiole conique 400 à 500 centimètres cubes de capacité. Le lavage est fini, lorsque dix gouttes de la portion filtrée, étendues de leur volume d'eau et traitées par une goutte d'une solution de méthylorange, ne donnent plus de coloration rouge. Le lavage peut être accéléré au moyen d'une petite trompe à eau.

Le contenu de la fiole est soumis à la distillation pour éliminer l'alcool. Le résidu est transvasé dans un verre de Bohême, oxydé par l'acide chlorhydrique contenant du brome (s'il renferme des substances organiques), faiblement sursaturé d'ammoniaque et chauffé jusqu'à complète élimination de l'ammoniaque en excès. Cette dernière opération est très importante, vu que, en présence d'ammoniaque, le précipité de phosphate ferrique retient de la magnésie. Le précipité est recueilli sur un filtre et l'on rince le verre à l'eau froide pour retirer les traces de précipité qui adhèrent aux parois. On lave quatre fois à l'eau bouillante que l'on verse sur le filtre de manière à ne pas remuer le filtre. On obtient ainsi des liquides filtrés limpides. Pour marcher en toute sécurité, on peut, comme l'a proposé M. Frésénius, ajouter à l'eau bouillante un peu d'azotate d'ammoniaque qui, bien entendu, ne doit pas être acide. On calcine le résidu et l'on pèse. On admet que ce précipité est formé par le phosphate de fer et le phosphate d'alumine et que la somme des poids des oxydes de fer et d'alumine est égale à la moitié du poids du précipité.

Si l'on veut peser le sulfate de chaux, on place celui-ci encore humide dans une capsule de platine, on met le filtre par-dessus, on fait brûler l'alcool et l'on calcine modérément jusqu'à poids constant. Le sulfate de chaux calciné n'est pas assez hygroscopique pour rendre difficile l'opération en capsule ouverte.

La méthode primitive de Glaser, qui est très simple et qui consiste à ajouter directement de l'eau à la solution de phosphate jusqu'à concurrence de 500 centimètres cubes, sans évaporer préalablement la solution de phosphate et laver le sulfate de chaux, donne également des résultats assez satisfaisants, et la modification apportée à cette méthode par Jones n'est employée que dans le cas de litige.

Comme, dans la plupart des cas, il importe de connaître séparément le poids de l'oxyde de fer et celui de l'alumine, on peut doser le fer en réduisant l'oxyde ferrique en solution acide par l'hydrogène naissant et en titrant par le permanganate de potasse. On calcule le résultat obtenu en phosphate ferrique et l'on soustrait le nombre obtenu du poids total des phosphates de sesquioxydes réunis. Ce dosage de fer peut être effectué soit par la méthode bien connue de Frésénius, soit par la récente méthode de Max Hauffe que nous allons décrire brièvement. Cette méthode peut aussi être employée pour le dosage de petites quantités de fer dans les phosphates et superphosphates et donne des résultats extrêmement satisfaisants.

Réactifs nécessaires : 1° *Solution de permanganate de potasse.* — On peut utiliser la solution demi-normale de permanganate de potasse qu'on a presque toujours dans les laboratoires et que l'on étend d'eau de manière à avoir une solution décinormale. Si l'on a à faire de nombreux dosages de fer, on prépare une solution spéciale en faisant dissoudre 3 grammes de permanganate de potasse dans 1 litre d'eau. En faisant dissoudre le permanganate à l'ébullition, ajoutant, après refroidissement, la quantité d'eau nécessaire pour former 1 litre, filtrant sur de l'amiante et conservant la solution à l'obscurité, le titre reste inaltéré pendant des années. Le titre de la solution contenant 3 grammes de permanganate de potasse par litre est tel que chaque centimètre cube correspond à environ $0^{gr},0005$ Fe.

2° *Sulfate de manganèse en solution acide.* — 100 grammes de sulfate de manganèse cristallisé sont dissous dans 1 300 centimètres cubes d'eau, et la solution est additionnée de 200 centimètres cubes d'acide sulfurique pur et concentré de 1,84 de densité.

3° *Solution de chlorure mercurique.* — Solution saturée à froid.

4° *Solution étendue de chlorure stanneux.* — Se prépare soit en faisant dissoudre le sel du commerce dans de l'eau acidulée par quelques gouttes d'acide chlorhydrique, soit en faisant dissoudre quelques grammes d'étain dans l'acide chlorhydrique et étendant convenablement l'eau.

Mode opératoire. — La matière, en quantité suffisante pour plusieurs analyses, est dissoute à chaud dans de l'acide chlorhydrique en faible excès. Pour détruire les matières organiques, on traite la solution à trois reprises par le permanganate de potasse en solution concentrée et l'on chasse le chlore par ébullition. S'il se précipite une petite quantité de bioxyde de manganèse, on la fait dissoudre par l'addition de quelques gouttes d'acide chlorhydrique. On laisse refroidir, on étend d'eau de manière à avoir un volume déterminé, et l'on prend pour le dosage du fer une portion de cette solution (50 à 200 centimètres cubes). On introduit le liquide dans un grand verre de Bohême de un litre et demi à 2 litres de capacité, et on chauffe jusqu'à commencement d'ébullition. On ajoute alors (de préférence, au moyen d'une burette) par petites quantités, une solution de chlorure stanneux, jusqu'à complète réduction de l'oxyde ferrique et décoloration du liquide. Avec quelque expérience, on arrive facilement à déterminer ce point. Il faut avoir un léger excès de chlorure stanneux, mais il est absolument nécessaire d'éviter d'en ajouter un grand excès, car il se forme plus tard un épais précipité qui empêche d'observer le changement de coloration dans le titrage subséquent. Pour rendre inoffensif le petit excès de chlorure stanneux, on ajoute au liquide 50 centimètres cubes de la solution de chlorure mercurique. Si le chlorure stanneux n'a pas été ajouté en trop grand excès, il se forme, par l'addition de bichlorure de mercure, des traînées soyeuses de chlorure mercureux :

$$SnCl^2 + 2HgCl^2 = Hg^2Cl^2 + SnCl^4.$$

La solution reste transparente. Mais s'il y a grand excès de chlorure stanneux, il se forme, comme il vient d'être dit, un épais précipité de protochlorure de mercure qui rend très difficile l'observation du changement de coloration. Dans ce cas, on recommence l'essai en employant une quantité moins grande de chlorure stanneux.

Si la quantité de chlorure stanneux ajoutée au début

n'a pas été suffisante, la solution reste limpide après l'addition de la solution de bichlorure de mercure. Il faut alors répéter l'expérience en ajoutant un peu plus de la solution de chlorure stanneux.

La réduction ayant été effectués dans les conditions voulues, et la solution de bichlorure de mercure ajoutée, on traite le mélange par 60 à 100 centimètres cubes de la solution de sulfate de manganèse, on fait refroidir *aussi rapidement que possible*, on ajoute 1 litre d'eau *froide*, on remue le mélange et on titre par la solution de permanganate de potasse jusqu'à coloration rose. Pour établir le titre de la solution de permanganate, on procède comme suit :

On pèse un fil de clavecin bien décapé, on le dissout dans l'acide chlorhydrique, on ajoute une petite quantité de permanganate de potasse en solution concentrée, on fait bouillir pour chasser le chlore, on réduit le chlorure ferrique par le chlorure stanneux, on ajoute ensuite la solution de bichlorure de mercure et la solution de sulfate de manganèse, on fait refroidir, on étend d'eau et l'on titre. Si l'on a affaire à des engrais contenant peu de fer, on détermine, dans un essai à blanc (10 gouttes environ de la solution de chlorure stanneux, 10 centimètres cubes HCl et 50 centimètres cubes d'eau, non chauffés, additionnés de 100 centimètres cubes de la solution de sublimé, le mélange est refroidi, étendu d'eau jusqu'à concurrence de 1 litre et demi, additionné de la solution de sulfate de manganèse et titré), combien de gouttes ou de dixièmes de centimètres cubes de la solution de permanganate il faut ajouter à ce volume relativement considérable de liquide pour communiquer à celui-ci une coloration rose. Le nombre ainsi obtenu doit être soustrait de la quantité de permanganate employée dans le titrage de l'échantillon.

Telle que nous l'avons décrite, la méthode paraît très circonstanciée, mais en réalité, ce n'est pas le cas. Quiconque a fait connaissance avec cette méthode, la préférera à toutes les autres.

Pour pouvoir opérer rapidement, on emploie pour les titrages les gobelets en verre dur de Schott et Cie, à Iéna, vu qu'ils supportent bien les changements brusques de température. On pèse au moins 25 grammes de substance, on fait dissoudre la pesée dans 50 à 60 centimètres cubes d'acide chlorhydrique concentré, on oxyde les matières organiques en ajoutant à trois reprises une solution concentrée de permanganate de potasse, on chasse le chlore par ébullition et l'on étend d'eau de manière à avoir 500 centimètres cubes. On prend pour le titrage 100 centimètres cubes = 5 grammes de substance et on ajoute, en raison de la présence de chlorures, 100 à 150 centimètres cubes de la solution acide de sulfate de manganèse. La quantité de sulfate de manganèse doit être telle que l'odeur de chlore ne soit pas perceptible pendant le titrage.

VIII. — DOSAGE DE L'AZOTE

A. — AZOTE NITRIQUE

A la place des méthodes anciennes et indirectes, qui consistaient à doser les impuretés dans le salpêtre du Chili et à déterminer l'azotate de soude par différence, on emploie depuis des années nombre de méthodes directes pour le dosage de l'azote dans les azotates, méthodes directes basées sur la réduction de l'acide azotique par l'hydrogène naissant, c'est-à-dire sur la transformation de l'azote nitrique en ammoniaque. La première des méthodes directes, qui est facile à exécuter et donne des résultats sûrs, a été proposée par Ulsch.

0,5 gr. de salpêtre, dissous dans 25 centimètres cubes d'eau, sont introduits dans un ballon à distillation additionnés de 5 grammes de fer réduit par l'hydrogène et de 10 grammes d'acide sulfurique étendu de 1,35 de densité. Dans le col du ballon on place un appareil en verre en forme de poire allongée et contenant de l'eau froide. Celle-ci retient les gouttelettes de liquide et condense la vapeur. La réaction se produit spontanément, plus tard on chauffe avec précaution et finalement on porte à l'ébullition. Toute l'opération dure dix minutes au plus. On rince la poire avec soin et on ajoute dans le ballon 150 centimètres cubes d'eau et 25 centimètres cubes de soude caustique de 1,30 de densité. On soumet à la distillation en recueillant l'ammoniaque dans une quantité déterminée d'acide et, la distillation terminée, on titre l'acide en excès par la soude, la potasse ou la baryte. L'analyse entière est effectuée en une demi-heure. Il est nécessaire de s'assurer que le fer réduit ne renferme pas d'azote; dans le cas contraire, on soustrait l'azote trouvé dans le fer (et qui s'élève quelquefois à 0,3 p. 100) de l'azote total trouvé dans l'analyse.

La méthode d'Ulsch a subi de très nombreuses modifications auxquelles nous jugeons inutile de nous arrêter. Nous nous bornerons à décrire encore la méthode de Desvarda qui est aussi simple et donne des résultats très exacts.

Dans 1 litre d'eau, on fait dissoudre 10 grammes de salpêtre, et l'on introduit 50 centimètres cubes de cette solution = 0,5 gr. de substance dans un ballon à distillation de 750 centimètres cubes de capacité, on y ajoute 80 centimètres cubes d'eau, 40 centimètres cubes de lessive de soude de 1,3 de densité, 5 centimètres cubes d'alcool et 2,5 gr. d'un alliage composé de 50 parties de cuivre, de 45 parties d'aluminium et de 6 parties de zinc (l'alliage doit être préalablement pulvérisé) et on relie immédiatement le ballon à un appareil, destiné à recueillir l'ammoniaqué. La réaction est aidée d'une douce chaleur et s'accomplit en vingt à vingt-cinq minutes. L'hydrogène ayant cessé de se dégager, on soumet le liquide à la distillation sans refroidir le récipient.

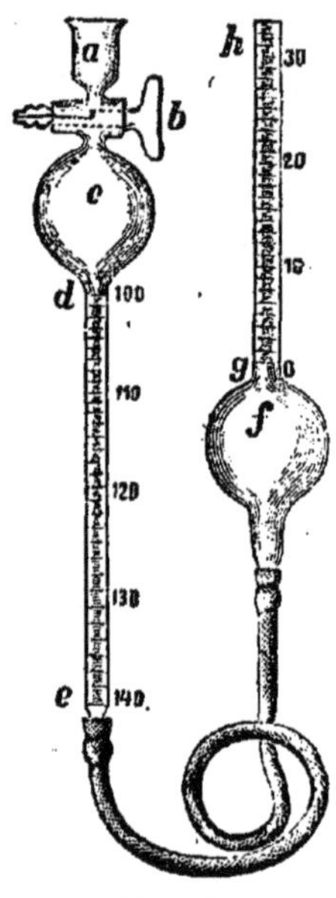

Fig. 1.

On prépare l'alliage mentionné plus haut en faisant fondre dans un creuset d'abord 50 parties de cuivre, ensuite 45 parties d'aluminium et incorporant finalement dans la masse en fusion 5 parties de zinc. La maison T. Sepeck, à Vienne, fournit l'alliage tout préparé. Celui-ci se laisse facilement réduire en poudre.

Les deux méthodes ci-dessus pour le dosage de l'azote ont remplacé une méthode plus ancienne, mais qui donnait de bons résultats : nous parlons du dosage de l'azote par le nitromètre de Lunge. Les résultats obtenus par la mesure du volume gazeux sont très satisfaisants.

Le nitromètre étant fixé dans un support solide, on soulève le tube h g F de façon que sa partie inférieure (fig. 1) se trouve à la même hauteur que le robinet à trois voies b. Au moyen d'un entonnoir, on verse du mercure dans h de façon à remplir la boule f et le tube e d c, et que l'excès de mercure s'écoule par le robinet b sur le côté. On ferme ce dernier vers c, on descend ensuite plus bas la branche h g F de l'appareil, et l'on introduit dans l'entonnoir a environ 0,360 gr. de nitrate, on rince avec 1 à 1 1/2 centimètre cube d'eau, on fait pénétrer dans la boule c la solution de nitrate, en ayant soin d'éviter les bulles d'air, et l'on introduit ensuite 15 centi-

mètres cubes d'acide sulfurique pur et concentré, de 1,84
de densité. Le dégagement gazeux commence aussitôt et
on l'accélère en agitant doucement la branche *a c d e*. Le
mercure pénètre dans la boule F, ainsi que dans la
partie inférieure du tube gradué *h g*. On abandonne
l'appareil pendant une heure, de façon à ce qu'il revienne
à la température du laboratoire, afin de faire la lecture du
volume gazeux. On place les deux tubes *d e* et *h g* de telle
façon que le niveau du mercure dans *h g* est plus élevé
que dans *d e*, et que cette différence de niveau soit égale
à la pression de la couche d'acide sulfurique dans *de*. Le
rapport de pression est de une division de mercure pour
sept divisions d'acide sulfurique. Après avoir noté la
température et la pression barométrique, on réduit le
volume gazeux à 0°C et à 760 B. au moyen des tables qui
accompagnent chaque nitromètre, afin d'avoir les centimètres cubes de AzO. Un centimètre cube AzO est égal
à 0,003885 salpêtre.

Pour doser l'azote dans les superphosphates on peut
également faire usage du nitromètre. Mais dans ce cas,
il est préférable d'employer l'appareil dans sa forme primitive, dans laquelle il y avait des tubes allongés à la
place des boules, parce que le remplissage de la boule *f*,
respectivement pour dégager le volume gazeux nécessaire, il faudrait employer trop de substance. On peut
employer directement le superphosphate, ou bien un
volume déterminé de la solution préparée pour le dosage
de P^2O^5 soluble. Pour le reste, on opère exactement
comme il vient d'être indiqué.

B. — AZOTE AMMONIACAL

Si le produit est suffisamment sec, ce qui est généralement le cas, on réduit l'échantillon en une poudre fine,

on en pèse 1 gramme que l'on soumet à la distillation avec une lessive de soude ou un lait de chaux étendu ou encore avec de la magnésie calcinée. Si l'on emploie les deux derniers réactifs, il faut pousser la distillation jusqu'à consistance sirupeuse du résidu, et pour cette raison, la distillation avec la lessive de soude est préférable, surtout pour le débutant. Lorsque le produit du commerce n'est pas assez sec pour pouvoir être réduit en une poudre fine, on pèse 20 grammes de substance, on fait dissoudre dans 1 litre d'eau et on emploie une quantité déterminée de cette solution pour le dosage de l'azote. On opère de la manière suivante :

Dans un ballon de verre potassique de 500 à 700 centimètres cubes de capacité, on introduit : 1 gramme de substance ou une quantité correspondante de sa solution aqueuse, et l'on y ajoute 3 grammes de magnésie caustique ne contenant pas d'acide carbonique et 200 centimètres cubes d'eau. Sur le ballon, on fixe un appareil Reitmair, une boule de verre munie de deux tubes. Le tube qui se rend dans le ballon est court et droit ; l'autre tube, qui sert de tube d'abduction, est recourbé en haut, de telle sorte que le liquide entraîné reflue dans la boule et le ballon sans jamais arriver dans le récipient. On emploie comme indicateur de préférence la teinture de cochenille dont le changement de coloration est appréciable même à la lumière artificielle.

C. — AZOTE DANS LES SUBSTANCES ORGANIQUES

Pour doser l'azote à l'état de combinaisons organiques et de sels ammoniacaux, on se sert de la vieille méthode de combustion avec la chaux sodée. Un tube en verre dur, long de 40 centimètres et de 10 à 12 millimètres de diamètre est étiré en pointe et scellé à une de ses extrémités. Sur une longueur de 4 à 5 centimètres de l'extrémité scellée, on remplit le tube de chaux sodée granulée, on introduit la substance préalablement bien mélangée avec de la chaux sodée, et on remplit le reste du tube de chaux sodée plus grossièrement concassée, en ayant soin de laisser un espace libre de quelques centimètres pour un tampon d'amiante. Après avoir relié le tube à un appareil à boule contenant l'acide sulfurique titré, on chauffe le tube en commençant par le côté opposé à l'appareil à boules et peu à peu on porte au rouge le tube entier jusqu'à ce qu'il n'y ait plus de dégagement de gaz, on casse la pointe et on aspire l'air à travers le tube et l'appareil à boules. On détermine la teneur en azote de la substance en titrant l'excès d'acide dans l'appareil à boules.

A la place de cette méthode, on emploie beaucoup aujourd'hui la méthode de Kjeldahl. Dans le cours des années, cette méthode a reçu de nombreuses modifications et améliorations, de telle sorte que presque chaque laboratoire possède sa modification spéciale. La méthode Kjeldahl est basée sur la transformation des matières azotées en ammoniaque par le chauffage avec de l'acide sulfurique concentré en présence d'oxydants. A cet effet, on introduit 1 gramme de substance dans un ballon en verre dur de 3 à 400 centimètres cubes de capacité, on ajoute 0,5 à 1 gramme d'oxyde de mercure et 15 centimètres cubes d'acide sulfurique concentré, on chauffe le mélange, d'abord doucement, et ensuite plus fort jusqu'à ce qu'il soit devenu incolore. Pour éviter les projections on place le ballon dans une position inclinée sur la toile métallique et on le ferme par un bouchon en verre affectant la forme d'un long tube. Un ballon à long col peut rendre le même service. Après refroidissement, on transvase le liquide dans un ballon à distillation en lavant bien le ballon qui a servi à la désagrégation, on ajoute 150 centimètres cubes de soudé caustique à 30°B., ainsi que 25 grammes d'une solution à 10 p. 100 de sulfure de potassium et quelques grains de zinc et on fait distiller en recueillant l'ammoniaque dans un acide titré. En présence d'azotates, cette méthode ne peut pas être employée, vu que ceux-ci ne se transforment que partiellement en ammoniaque. Au lieu d'oxyde de mercure, on peut prendre 0,5 à 1 gramme de sulfate de cuivre déshydraté ; dans ce cas, il est inutile d'ajouter la solution de sulfure de potassium.

Les nombreuses modifications apportées à cette méthode ne la simplifient pas, et n'en rendent pas les résultats plus exacts.

D. — Azote total

Pour doser l'azote total — azote organique, azote ammoniacal, azote nitrique — nous avons deux méthodes qui sont également bonnes. D'abord, la méthode Jodlbauer.

Dans un petit ballon en verre dur, on place 1 gramme de substance et 50 centimètres cubes d'acide phénolsulfurique concentré (20 grammes de phénol dans 1 litre d'acide sulfurique à 66°B). L'acide azotique contenu dans la substance se transforme au bout de quelques minutes en nitrophénol. Après addition de 2 à 3 grammes de poudre de zinc exempt d'azote et de 0,5 à 1 gramme de mercure métallique, on fait bouillir le mélange. Après une demi-heure à trois quarts d'heure d'ébullition la totalité des composés azotés sont transformés en ammoniaque, le nitrophénol se convertissant en amidophénol. On laisse refroidir, on ajoute avec précaution de l'eau, on laisse refroidir de nouveau, on sursature de soude caustique et on soumet le mélange à la distillation.

On arrive au même résultat en combinant la méthode Kjeldahl à la méthode Ulsch. Dans un ballon de 300 centimètres cubes de capacité, on place la substance pesée et on l'humecte avec de l'eau de manière à faire une bouillie. Suivant la teneur approximative en azote nitrique de la substance, on ajoute 1 à 4 grammes de fer réduit et 5 à 10 centimètres cubes d'acide sulfurique étendu de 1,35 de densité. On chauffe, comme il a été indiqué dans la description de la méthode Ulsch, jusqu'à cessation de dégagement gazeux, on ajoute $0^{gr},5$ de sulfate de cuivre déshydraté et 15 centimètres cubes d'un mélange acide renfermant, pour 1 litre d'acide sulfurique concentré, 200 grammes d'anhydride phosphorique. On chauffe d'abord à une chaleur douce pour évaporer l'eau, ensuite on chauffe plus fort jusqu'à coloration verte de la solution, qui marque la fin de la réaction. On recueille finalement l'ammoniaque comme il a déjà été indiqué plus haut. On préfère généralement cette méthode à celle de Jodlbauer, en raison de sa simplicité et de sa rapidité.

Dans le dosage de l'ammoniaque, il convient d'établir exactement le titre de l'acide sulfurique employé. On fait un essai de contrôle en traitant, comme il a été dit, une quantité déterminée de sulfate d'ammoniaque chimiquement pur.

IX. — DOSAGE DU FLUOR

La méthode que nous allons décrire est une légère modification de la méthode de M. Offerman qui permet de doser volumétriquement le fluor en présence d'acide carbonique, de matière organique et de chlore. Elle repose sur la transformation du fluor en fluorure de silicium, la décomposition de celui-ci par l'eau et le titrage de l'acide hydrofluosilicique par un alcali normal.

Pour obtenir des résultats exacts, la substance doit être préparée d'une certaine manière pour l'analyse. En premier lieu, la substance réduite en une poudre fine doit être déshydratée. Dans le cas de phosphates bruts, on y arrive soit en la faisant sécher à la température de 150 à 170° C. soit en la calcinant faiblement. Si on se trouve en présence de superphosphates, on place la substance pesée dans une capsule de platine, on y ajoute du lait de chaux jusqu'à réaction manifestement alcaline, on évapore l'eau au bain-marie et on calcine faiblement. Après refroidissement, on broie le résidu de la calcination avec un petit pilon, on le transvase à l'aide d'un entonnoir sec dans un ballon et on rince la capsule de platine et l'entonnoir à plusieurs reprises avec du sable quartzeux finement broyé et calciné.

L'acide sulfurique à employer pour la décomposition de la substance doit être autant que possible de l'acide monohydraté pur. On peut préparer cet acide en évaporant l'acide concentré du commerce dans une capsule de porcelaine jusqu'à moitié de son volume initial. Pour faciliter l'ébullition de l'acide, on y ajoute quelques grammes de soufre.

Toutes les parties en verre de l'appareil doivent être *absolument sèches*. Il convient de chauffer à cet effet à 150° dans une grande étuve. On sèche les bouchons et les tubes de caoutchouc en les plaçant dans un exsiccateur sur de l'anhydride phosphorique. On assemblera les différentes parties de l'appareil au moyen de tubes de caoutchouc de façon à ce que les tubes à relier se touchent et à ce que les gaz qui traversent l'appareil se trouvent aussi peu que possible en contact avec le caoutchouc (fig. 2).

D'un gazomètre A, on fait passer un courant d'air à travers un flacon-laveur B contenant une solution alcaline de permanganate de potasse (pour détruire les impuretés organiques de l'air), un flacon laveur C renfermant de l'acide sulfurique concentré, un vase à absorption D contenant de la chaux sodée granulée et un vase à absorption E contenant du chlorure de calcium fondu. Ces parties de l'appareil doivent être assez grandes pour pouvoir

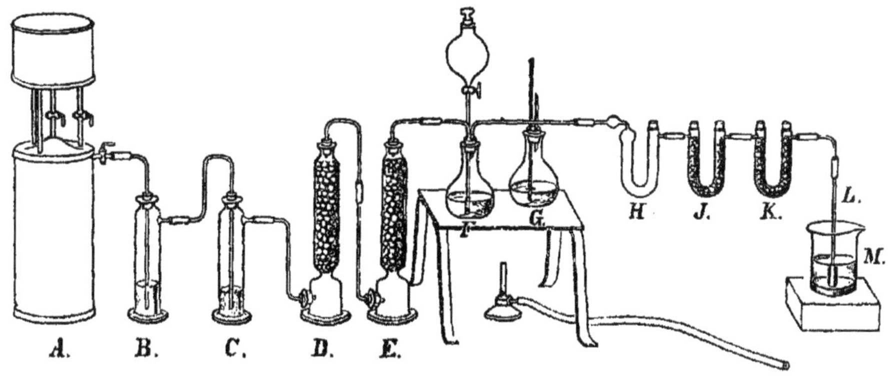

Fig. 2.

servir à plusieurs dosages du fluor sans être chargées chaque fois à nouveau. Le ballon F, de 300 à 400 centimètres cubes de capacité, sert à décomposer la substance contenant le fluor. Ce ballon est fermé par un bouchon percé de trois trous qui livrent passage au tube d'un entonnoir à robinet et à deux tubes (dont un descendant jusqu'au fond du vase) courbés à angle droit. Le long tube amène l'air sec, et par le tube court s'échappe le mélange d'air sec et de fluorure de silicium.

Le ballon G ne fait pas partie de l'appareil. Il renferme la même quantité d'acide sulfurique que l'on ajoutera ultérieurement dans le ballon F, il est muni d'un thermomètre et sert exclusivement au réglage de la température. Les deux ballons F et G sont placés sur une plaque de fer couverte d'une toile métallique et chauffée par la flamme d'un bec.

Le tube en U vide, H est relié au ballon dans lequel s'effectue la décomposition. Il est suivi du tube I contenant du chlorure de calcium fraîchement fondu et *ne montrant pas de réaction alcaline*. Vient ensuite le tube K contenant de la pierre-ponce imbibée d'une solution de sulfate de cuivre et calcinée (I et K retiennent les dernières traces entraînées d'acide sulfurique ou d'acide chlorhydrique). De K, le mélange d'air sec et de fluorure de silicium arrive par le tube L dans le récipient M, dont le fond est couvert d'une couche de mercure. On prépare le tube L en coupant en deux (dans la partie élargie) une pipette de 15 à 20 centimètres cubes, et rodant le bord. Par la partie élargie, le tube L plonge dans le mercure. Ce dispositif évite l'engorgement du tube par la silice.

Après s'être assuré de l'étanchéité de l'appareil, on introduit la substance, préparée comme il a été dit plus haut et additionnée de 15 à 20 fois son poids de sable quartzeux, réduit en une poudre fine et calciné, dans le ballon F, on remue le mélange en tournant le ballon, et l'on remet celui-ci à sa place. On verse alors dans le récipient M 50 à 200 centimètres cubes, suivant la teneur supposée en fluor de la substance. Pour éviter la perte éventuelle de fluor par suite de dégagement par trop brusque du gaz, on ajoute à l'eau dans le vase M quelques gouttes d'une décoction filtrée et, si besoin est, exactement neutralisée d'écorce de *quilloya*. Pour 100 centimètres cubes d'eau, on ajoute 12 à 16 gouttes d'une décoction de 1 gramme d'écorce dans 100 centimètres cubes d'eau. Il se forme alors à la surface de l'eau une légère couche de mousse, et même les grosses bulles d'air cèdent à l'eau la totalité du fluorure de silicium qu'elles renferment avant d'éclater.

Les préparatifs terminés, on fait passer un courant d'air dans l'appareil et on laisse couler, par l'entonnoir à robinet, 50 à 60 centimètres cubes d'acide sulfurique concentré et froid dans le ballon F. On chauffe lentement à la température de 150 à 155°, on laisse refroidir lorsque la décomposition est terminée et on continue à faire passer le courant d'air à travers l'appareil pendant une heure encore. On titre *à chaud* le continu du récipient M par une solution normale ou demi-normale de potasse caustique. Comme indicateur, on emploie la teinture de tournesol sensible ou le phénolphtaléine, en se servant du tube L comme d'une baguette pour remuer le liquide. Dans le cas où on voudrait s'assurer que la totalité du fluorure de silicium a été déplacée par l'air, on remplace le tube L par un autre, on verse de l'eau dans M et on fait passer encore pendant une demi-heure le courant d'air. Le cas échéant, on procède à un nouveau titrage.

1 centimètre cube nKHO $= 0{,}019$ gr. Fl.

X. — DOSAGE DU PERCHLORATE DANS LE SALPÊTRE SUIVANT R. SELKMANN

5 grammes de salpêtre, dont la teneur en chlore a été préalablement déterminée, sont placés dans une capsule de porcelaine de 40 à 50 centimètres cubes de capacité et chauffés graduellement jusqu'à fusion avec 15 à 20 grammes de plomb sous forme de rognures. Le mélange étant entré en fusion, on le remue bien avec un fil de cuivre recourbé en crochet et on règle la température de manière à avoir un dégagement modéré de gaz. Lorsque la masse est devenue pâteuse et ne laisse échapper que des bulles de gaz isolées, on porte la température au rouge sombre et on maintient cette température pendant une à deux minutes. La masse refroidie, qui ne contient que de

l'azotite alcalin et des chlorures, est reprise par l'eau et transvasée dans un gobelet. On ajoute 2 à 3 grammes de bicarbonate de soude et on chauffe modérément. Dans la portion filtrée et acidulée par l'acide azotique, on dose le chlore comme à l'ordinaire à l'état de chlorure d'argent.

La différence entre la quantité de chlore ainsi obtenue et la quantité de chlore obtenue au début représente la proportion de perchlorate contenue dans le salpêtre.

XI. — DOSAGE DE LA CHAUX ET DE LA MAGNÉSIE

0^{gr}, 5 de substance sont dissous dans l'acide chlorhydrique, la solution est évaporée plusieurs fois à siccité avec de l'acide chlorhydrique, en vue de séparer la silice, et le résidu est repris avec de l'eau chaude et une petite quantité d'acide chlorhydrique, filtré et lavé. La portion filtrée est traitée par de l'ammoniaque en léger excès, acidulée par l'acide acétique et, après repos, le précipité d'oxyde de fer et d'alumine est séparé par le filtre et bien lavé [1]. Pour séparer la chaux, on ajoute une solution d'oxalate d'ammoniaque en excès considérable, on filtre après vingt-quatre heures de repos, on lave à l'eau chaude, on calcine (très fortement, à la fin) et on pèse à l'état d'oxyde de calcium. La calcination doit être poursuivie jusqu'à poids constant.

La portion filtrée et les eaux de lavage réunies sont évaporées à 50 centimètres cubes environ, fortement alcalinisées par l'ammoniaque et précipitées par le phosphate de soude. Après douze heures de repos, on filtre, on lave le précipité à l'ammoniaque à 2,5 p. 100, on calcine et l'on pèse à l'état de $Mg^2P^2O^7$.

---

[1] Si ce précipité n'est pas en très petite quantité, il convient de le redissoudre dans l'acide chlorhydrique, de précipiter de nouveau les sesquioxydes, de filtrer, de laver et d'ajouter la portion filtrée au liquide principal.

XII. — DOSAGE DE L'ACIDE CARBONIQUE ET DE LA SILICE

La substance additionnée d'acide chlorhydrique est chauffée jusqu'à commencement d'ébullition, et l'acide carbonique dégagé, après passage à travers des tubes contenant H_2SO_4, $CuCl_2$ et de la ponce imbibée de sulfate de cuivre est recueilli dans un tube en U contenant de la chaux sodée. L'augmentation du poids de ce tube représente CO_2.

Pour doser la silice, on évapore à siccité 1 gramme de substance finement divisée avec 10 centimètres cubes d'acide chlorhydrique, et on répète deux fois encore cette opération en employant chaque fois 5 centimètres cubes d'acide chlorhydrique. On reprend avec une petite quantité d'acide chlorhydrique et de l'eau chaude, on filtre, on lave, on calcine et l'on pèse.

IV

AUTRICHE-HONGRIE

HISTORIQUE

Les méthodes officielles autrichiennes pour l'analyse des matières fertilisantes ont été élaborées et arrêtées dans une réunion des représentants des Stations agronomiques de l'Autriche-Hongrie, tenue à Vienne du 1er au 3 avril 1897, sous la présidence de M. le professeur Dr Meissl. Les procès-verbaux de cette réunion ont été publiés par le soin du Comité d'organisation et reproduites dans la *Oesterreich-Ungarische Zeitschrift für Zuckerindustrie und Landwirthschaft*, 1897.

I. — DOSAGE DE POTASSE

1. Analyse du chlorure de potassium commercial avec une teneur en acide sulfurique jusqu'à 50 p. 100. — 10 grammes de l'échantillon sont dissous dans 500 centimètres cubes d'eau, et 25 centimètres cubes de la solution, additionnés de bichlorure de platine, sont évaporés à sec, dans une capsule de porcelaine. Le résidu d'évaporation est broyé finement, à l'aide d'un pilon, trituré avec 30 centimètres cubes d'alcool et filtré.

2. Analyse de kaïnite, kieserite, carnalite, sulfate de potasse et sels similaires. — 10 grammes de kaïnite sont dissous dans environ 300 centimètres cubes d'eau, on porte la solution à l'ébullition, on y ajoute 10 centimètres cubes d'acide chlorhydrique et, après refroidissement, on parfait le volume de 500 centimètres cubes. 50 centimètres cubes de filtrat (1 gramme substance) introduits dans un matras de 200 centimètres cubes, sont traités

avec précaution par le chlorure de baryum et le petit excès
de ce dernier est précipité par le carbonate d'ammoniaque.
Après repos de plusieurs heures on ramène au trait de
jauge de 200 centimètres cubes, on filtre sur un papier
sec, on en prend 100 centimètres cubes (= 0^{gr},50 de
matière) qu'on évapore dans une capsule de platine et
qu'on calcine. Si le résidu de la calcination n'est pas
entièrement dissous dans l'eau, on filtre la solution et l'on
évapore la solution filtrée avec du bichlorure de platine.
Il n'y a pas lieu de corriger le résultat pour tenir compte
du volume occupé par le précipité barytique.

3. Analyse de superphosphate potassique. — On fait bouillir 20 grammes de matière pendant une demi-heure, on
introduit le tout dans un ballon jaugé d'un litre et, après
refroidissement, on complète un trait de jauge, on agite
et l'on filtre sur un papier sec. 100 centimètres cubes du
liquide filtré (= 2 grammes) sont introduits dans un ballon
de 200 centimètres cubes et portés à l'ébullition et l'on
y ajoute du chlorure de baryum, du lait de chaux et un
peu d'oxyde de fer, afin d'y précipiter les acides sulfurique et phosphorique et la magnésie. Après refroidissement, on enlève le petit excès de baryte au moyen de
carbonate d'ammoniaque, on ramène au trait de jauge,
on agite fortement et l'on filtre sur un papier sec.
100 centimètres cubes du filtrat (= 1 gramme) sont
évaporés à sec dans une capsule de platine, le résidu
est calciné et traité, ensuite de la manière connue pour
le dosage de la potasse.

4. Dosage de potasse dans les cendres de bois. —
20 grammes de matière sont chauffés avec 250 centimètres cubes d'eau et l'on y ajoute de l'acide chlorhydrique,
en petites doses, jusqu'à une faible réaction acide. Dans

la solution chaude, on précipite l'acide sulfurique par le
chlorure de baryum et l'on introduit le tout dans un ballon
d'un litre, on ramène au trait de jauge et l'on filtre sur
un papier sec. Du filtrat on prend 250 centimètres cubes
(= 5 grammes) qu'on introduit dans un matras, on rend
le liquide faiblement alcalin, on y précipite la chaux et
la baryte par le carbonate d'ammoniaque et l'on fait
bouillir. Après refroidissement, on introduit le liquide
avec le précipité dans un ballon de 500 centimètres cubes,
on ramène avec de l'eau au trait de jauge et on laisse
reposer pendant douze heures. On prend du filtrat
100 centimètres cubes (= 1 gramme) ou 200 centimètres
cubes (= 2 grammes) qu'on évapore à sec dans une
capsule de platine, on calcine le résidu qu'on reprend
avec de l'eau, on filtre au besoin et l'on évapore la solution avec du bichlorure de platine.

5. Analyse du carbonate de potasse. — 25 grammes de
matière sont dissous dans l'eau bien qu'on sépare par filtration de la partie insoluble et l'on ramène au volume de
500 centimètres cubes. 250 centimètres cubes (= 12 gr. 50)
du filtrat sont introduits dans un matras d'un demi-
litre et l'on y ajoute petit à petit 18 centimètres cubes
d'acide chlorhydrique concentré, jusqu'à l'expulsion
complète de toute l'acide carbonique. Dans la liqueur
chaude on précipite l'acide sulfurique par le chlorure de
baryum. On rend la liqueur alcaline et l'on ajoute environ
0 gr. 4 de chaux vive afin d'y précipiter la magnésie.
Après refroidissement, on introduit, liqueur et précipité,
dans un ballon de 500 centimètres cubes et on laisse
reposer pendant douze heures. On ramène au trait de
jauge, on agite fortement, on filtre sur un papier sec, on
prend du filtrat 250 centimètres cubes (= 6 gr. 25) qu'on
introduit dans un matras d'environ un litre, on y ajoute

du carbonate d'ammoniaque en excès et l'on fait bouillir durant une demi-heure. On laisse refroidir, on transvase le liquide avec précipité dans un ballon de 500 centimètres cubes, on laisse au repos pendant douze heures, on complète au trait de jauge, on agite fortement et l'on filtre sur un papier sec. 100 centimètres cubes du filtrat (= 1 gr. 25) sont évaporés à sec dans une capsule de platine préalablement tarée, le résidu est calciné jusqu'à poids constant et pesé finalement.

Le poids du résidu de la calcination représente la somme de chlorures de potasse et de soude. Le chlorure de potassium est alors déterminé au moyen du bichlorure de platine et l'on obtient par différence le chlorure de sodium.

Pour déterminer le carbonate de potasse et celui de soude, il est nécessaire d'effectuer sur une partie aliquotte de la première solution un dosage d'acide carbonique. Le calcul se fait alors de la manière suivante : toute la soude est convertie en carbonate, la quantité équivalente d'acide carbonique est retranchée de l'acide carbonique total et la différence est calculée en carbonate de potasse.

Le dosage de l'eau, lequel est indispensable dans le carbonate de potasse, est effectué en chauffant une quantité déterminée de matière dans un petit creuset de platine fermé, pendant vingt minutes, au-dessus d'une petite flamme, au rouge sombre.

Remarques

1° Le poids atomique du platine est 194,34, chiffre indiqué par *Seubert*.

2° Pour déduire le chlorure et l'oxyde de potassium des

poids du chloroplatinate, il faut employer les coefficients suivants établis empiriquement :

> Pour chlorure de potassium 0,3056
> Pour oxyde de potassium 0,1928

Si l'on pèse le platine réduit, on prendra les coefficients suivants :

> Pour chlorure de potassium 0,7566
> Pour oxyde de potassium 0,4768

3° On peut peser le chloroplatinate de potasse redissous dans l'eau, évaporé dans une capsule de verre et desséché ensuite à 130° C.

En cas de départage il faut peser le platine réduit.

4° Pour le lavage des chloroplatinates, on employera de l'alcool de 95°.

II. — DOSAGE DE L'ACIDE PHOSPHORIQUE

A. — PRÉLÈVEMENT DE L'ÉCHANTILLON

Il est désirable qu'on exige l'attestation de la prise d'essai faite d'après les règles [1] ; et il est nécessaire que l'envoi des échantillons soit fait dans des vases en verre ou en terre cuite, bien fermés et à col large si possible. Cependant pour les échantillons d'engrais qui ne contiennent pas d'acide phosphorique soluble dans l'eau, on peut se servir de boîtes en fer blanc. Le poids minimum de l'échantillon à envoyer doit être de 300 grammes.

B. — PRÉPARATION DE L'ÉCHANTILLON

Pour les superphosphates, on se borne à mélanger bien intimement la matière. S'il s'agit de phosphates dans

---

[1] Les règles concernant le prélèvement des échantillons pourraient être données aux agriculteurs par les stations agronomiques.

lesquels on doit doser l'acide phosphorique insoluble, il
faut les pulvériser, et si on doit y doser l'humidité, il est
nécessaire de commencer la dessiccation avant le broyage

C. — Analyse

On fait le dosage de l'acide phosphorique soluble dans
l'eau, dans les superphosphates, ainsi que le dosage de
l'acide phosphorique total dans les scories Thomas, dans
la farine d'os et dans les superphosphates, par la méthode
au citrate.

a. *Dissolution ou désagrégation du phosphate.*— Pour le
dosage de l'acide phosphorique soluble dans l'eau, on pèse
20 grammes de superphosphate dans une fiole d'un litre.
On ajoute 800 centimètres cubes d'eau distillée, faire
digérer le tout dans un appareil à agitation pendant une
demi-heure, ou bien le laisser pendant deux heures en
agitant fréquemment. On complète le volume. Pour l'analyse on prend 50 centimètres cubes du filtrat, correspondant à 1 gramme de substance. Avec les superphosphates
doubles, on procède de la même façon, seulement on ne
prend que 10 grammes de matière au lieu de 20 grammes,
et pour l'analyse on emploie 50 centimètres cubes (correspondant à $0^{gr},5$ de substance). Avant la précipitation, on
ajoute au filtrat quelques centimètres cubes de $HAzO^3$ concentré [1], on fait bouillir, on laisse refroidir et on neutralise l'excès de $HAzO^3$ avec AzH^3. Pour la désagrégation des
scories, on emploiera la méthode suivante, adoptée par
divers laboratoires. On pèse des portions de dix grammes
de la substance dans des fioles d'un demi-litre, bien

---

[1] Les petites quantités de pyrophosphate que peuvent contenir
les superphosphates sont ainsi transformées rapidement en acide
orthophosphorique.

séchés ; on ajoute 50 centimètres cubes d'acide sulfurique concentré, et on chauffe légèrement pendant dix minutes sur une plaque ou capsule d'amiante en agitant fréquemment. La décoloration de la liqueur primitivement colorée en gris foncé (par la formation de plâtre et la dissolution des combinaisons ferriques) indique que la désagrégation est complète.

Au lieu de cette méthode de désagrégation, on peut aussi employer le procédé de Loges (v. Koenig, « Untersuchung landwirthschaftlicher Stoffe, » p. 178, ou Bieler et Schneidewind, « Die Station Halle, » p. 61).

Après refroidissement, diluer avec de l'eau, refroidir de nouveau, etc. 50 centimètres cubes du filtrat $= 1$ gramme de substance.

La désagrégation des superphosphates et des farines d'os se fait avantageusement après la méthode de Halle. On prend 5 grammes de substance dans une fiole d'un demi-litre, on ajoute 5 à 10 centimètres cubes d'acide nitrique concentré, puis 50 centimètres cubes d'acide sulfurique concentré, chauffer sur la toile avec une petite flamme jusqu'à ce qu'il ne se dégage plus de vapeurs nitreuses. 50 centimètres cubes du filtrat $= 0^{gr},5$ de substance.

b. *Précipitation de l'acide phosphorique et continuation de l'analyse.* — A chaque 50 centimètres cubes de la solution de superphosphate, on additionne 50 centimètres cubes de la solution citrique et 25 à 30 centimètres cubes de mixture magnésienne. Chaque 50 centimètres cubes de la solution de phosphate obtenue par désagrégation sont additionnés de 100 centimètres cubes de la solution citrique et de 40 à 45 centimètres cubes de mixture magnésienne. Si l'on active la précipitation au moyen d'un agitateur mécanique, ou si le précipité est agité d'après la méthode de Halle, la filtration peut se faire immédiatement. Dans le cas contraire, on fait bien de ne filtrer que le lendemain. S'il est nécessaire de filtrer après un temps plus ou moins court, on doit auparavant agiter fortement et fréquemment. On lave le précipité avec de l'eau ammoniacale à **2,5** p. 100.

Il est bon de chauffer, sur une petite flamme d'un bec Bunsen, pendant cinq à dix minutes, les précipités réunis dans le creuset de Gooch et préalablement desséchés. Si l'on emploie le four de Rössler, on doit prendre toutes les précautions. On termine la calcination du précipité, en chauffant pendant une à deux minutes au chalumeau.

c. *Réactifs nécessaires à l'analyse*. — Solution citrique faite d'après les indications de Märcker et Bühring. 1500 grammes d'acide citrique et **5** litres d'ammoniaque d'un poids spécifique de 0,91 sont portés à **15** litres. La mixture magnésienne est faite d'après la méthode généralement employée (voy. Koenig, *l. c.* p. 688).

II. — Pour la détermination de l'acide phosphorique dans les phosphates bruts de diverses provenances, dans les noirs d'os, ainsi que dans tous les autres engrais contenant de l'acide phosphorique, comme le guano de poisson, la corne moulue, etc., on ne doit employer que la méthode au molybdate.

a. *Préparation des solutions*. — On chauffe pendant dix minutes environ, sur une petite flamme, **5** grammes de matière, dans une fiole d'un demi-litre, avec **30** centimètres cubes de $HAzO^3$ concentré [1], on complète le volume après refroidissement.

---

[1] Avec addition éventuelle de quelques gouttes d'acide chlorhydrique concentré pour activer l'oxydation.

b. *Suite de l'analyse*. — Chauffer (sur une plaque d'amiante ou au bain-marie faiblement chauffé) pendant quinze minutes à 80° c., 50 centimètres cubes du filtrat (correspondant à 0,5 de substance) additionnés de 150 centimètres cubes de solution molybdique environ.

Après refroidissement, on filtre le précipité molybdique, on lave à l'eau distillée (ou avec une solution de nitrate d'ammoniaque dans de l'acide nitrique très dilué, ou bien encore avec une solution diluée de molybdate, si la liqueur est exempte de silice. On dissout le précipité jaune dans l'eau ammoniacale à 2,5 p. 100, précipiter par la mixture magnésienne, en la laissant tomber lentement et goutte à goutte et en agitant en même temps. Filtrer le précipité magnésien après au moins deux heures (mieux vaut plus tard), chauffer sur un bec de Bunsen ou dans un four Rössler et toujours terminer la calcination en chauffant pendant deux à trois minutes au chalumeau.

c. *Réactifs*. — Pour la solution molybdique, voy. Koenig, *l. c.* p. 687. Mixture magnésienne comme ci-dessus.

III. — La détermination de l'acide phosphorique soluble dans le citrate, des scories Thomas, se fait par la méthode de Wagner (« Chemikerzeitung, » 1895, p. 1420).

a. *Préparation des solutions*. — 5 grammes de substance sont traités dans une fiole à agitation de 500 centimètres cubes selon les règles. Observer surtout les conditions suivantes : La solution acide de citrate selon Wagner doit contenir autant que possible 23 grammes d'azote par litre. Le dosage de l'azote doit donc être fait exactement et à différentes reprises. Les écarts de dosage ne doivent pas être supérieurs à 0^{gr},1 d'azote par litre.

Avant l'addition de la solution acide de citrate, on doit faire attention que par addition d'eau, il ne se forme pas de grumeaux et que la scorie se répande uniformément dans le liquide. Pour celà il est avantageux de peser la substance dans des flacons secs.

b. *Précipitation de l'acide phosphorique et continuation de l'analyse.* — Celle-ci se fait selon les prescriptions données par l'auteur dans « Chemische Rundschau », 1897; M. 2. Aux 50 centimètres cubes de la solution de phosphate, on ajoute 10 centimètres cubes d'acide sulfurique à 10 p. 100 environ, puis 70 centimètres cubes de la solution citrique de Bühring et 45 centimètres cubes de mixture magnésienne. La filtration peut être faite dans un creuset de Gooch.

IV. *Dosage de l'acide phosphorique libre* (dans des plâtres superphosphatés ou des superphosphates). — 10 gr. de substance sont mis à digérer dans un ballon d'un quart de litre avec environ 200 centimètres cubes d'alcool absolu pendant une heure, puis on complète le volume avec de l'alcool absolu.

100 centimètres cubes du filtrat (= 2 grammes de substance) sont acidulés avec quelques gouttes d'acide nitrique ; on distille l'alcool, on transvase le liquide dans un verre de Bohême et on précipite par la solution molybdique. On continue le traitement comme ci-dessus.

V. *Détermination de la ténuité des scories Thomas.* — 50 grammes de farine Thomas sont tamisés d'après la méthode proposée par Fleischer, et on pèse le résidu du tamis (voy. Koenig *l. c.* p. 180).

Quand on fait le tamisage à la main, quinze minutes ne suffisent généralement pas ; mais avec une machine faisant 200 tours, le tamisage est terminé après cinq à sept minutes.

Dans les cas douteux, on recommande un retamisage sur une feuille de papier blanc. Pendant ce retamisage il ne doit passer que de rares petits grains.

Le tamis doit être contrôlé de temps en temps par des essais de tamisage.

VI. — On n'emploie que la méthode de Glaser pour le dosage de l'oxyde de fer et de l'alumine (« Zeitschrift für angewandte chemie, » 1889, p. 636, voy. König, *l. c.* p. 183 et 673). Contrairement à la méthode originale on n'ajoute que 12 à 13 centimètres cubes d'acide sulfurique concentré aux 100 centimètres cubes de la solution de phosphate.

VII. *Dosage de la chaux.* — D'après la méthode de Glaser-Jones. 50 centimètres cubes de la solution nitro-chlorhydrique de phosphate (correspondant à 100 centimètres cubes au plus) sont additionnés de 5 à 6 centimètres cubes d'acide sulfurique concentré, puis d'environ 150 centimètres cubes d'alcool absolu. Le sulfate de calcium se sépare aussitôt et on peut filtrer dès que le liquide est refroidi.

VIII. *Dosage de l'acide sulfurique.* — Quand il s'agit d'un plâtre phosphaté, on pèse 3 grammes de substance dans un ballon d'un demi-litre. Le plâtre ordinaire pour engrais est d'abord finement moulu, puis on en pèse 3 gr. également. On désagrège avec 25 centimètres cubes d'acide chlorhydrique concentré et 5 à 6 centimètres cubes d'acide nitrique (ce traitement dure environ cinq minutes), puis on ajoute 200 centimètres cubes d'eau et on continue à chauffer jusqu'à ce que le plâtre soit complètement dissout, 50 centimètres cubes de la solution (= 0^{gr},3 de substance) sont neutralisés par l'ammoniaque, puisacidulés par l'acide chlorhydrique, de manière que la teneur en acide chlorydrique libre ne dépasse pas 2 p. 100 (voy. Hammersten,«Zeitschrift für physiol. chemie,»1885, p.283 ainsi que Frésénius « Ztsch. anal. ch., » 1870, p. 52). Précipiter par le chlorure de baryum en solution bouillante, continuer comme d'usage. Laver à l'eau chaude seulement.

IX. *Dosage de l'eau.* — Quand il s'agit de phosphates bruts, ou détermine d'abord l'humidité sur une partie de l'échantillon tel qu'il a été envoyé, sans le broyer, après cette première détermination, on pulvérise finement et on termine la dessiccation.

Pour le dosage de l'eau dans les supersphosphates on dessèche 10 grammes de substance à 100°, pendant trois heures. La dessiccation des phosphates bruts, des noirs d'os, se fait à 110° pendant trois heures.

X. —Desvarda recommande sa méthode pour déterminer la partie « séparable par le chloroforme » dans farines d'os. (« Répertorium für analysische chemie, » 1883, p. 209, également Kœnig, *l. c.* p. 170). 5 grammes de substance sont placés dans une ampoule à décanter cylindrique avec du chloroforme, et agités lentement et laissez passer la partie spécifiquement plus lourde avec la plus grande partie du chloroforme par le canal large de l'ampoule. Dégraisser le résidu dans l'ampoule avec l'alcool absolu. Rincer dans une capsule tarée, sécher peser.

XI. — Pour l'évaluation de la quantité de poudre impalpable dans les scories Thomas et pour la détermination de la partie séparable par le chloroforme dans les os moulus, les résultats se calculent en dixièmes p. 100. Pour

toutes les autres déterminations, on calcule en centiè-
mes p. 100. Pour la quantité d'oxyde de fer et d'alumine,
selon Glaser, on compte la moitié du poids du précipité
de phosphate comme $Fe^2O^3 + Al^2O^3$.

XII. — La latitude dans le dosage de l'acide phosphorique soluble dans le citrate, des scories Thomas est de
0,75 p. 100; pour tous les autres dosages d'acide phosphorique elle est de 0,25 p. 100 seulement. Pour la « poudre
impalpable » et pour le séparable par le chloroforme,
0,50 p. 100. Pour CaO, SO^3, $Fe^2O^3 + Al^2O^3$, H^2O — 0,25 p. 100
seulement.

III. — DOSAGE DE L'AZOTE

Il n'y a rien à ajouter au sujet des méthodes de dosage
de l'ammoniaque et de l'azote organique ; la méthode de
Kjeldahl nous offre le procédé le plus avantageux.

La distillation de l'ammoniaque en présence des substances organiques facilement décomposables, et contenant
de l'azote, se fait de préférence sur l'extrait très dilué,
(environ 300 centimètres cubes) aqueux ou chlorhydrique
après neutralisation avec 2 grammes de magnésie ou
avec un léger excès de lessive de soude. La distillation
avec la magnésie en présence des phosphates, donne
aussi des résultats très exacts.

Pour le dosage de l'azote selon la méthode de Kjeldahl
on a de nouveau recommandé, dans ces derniers temps,
le procédé de Gunning, dans lequel la décomposition de
la matière organique est opérée par l'acide sulfurique
concentré et le sulfate de potasse. Cette modification
complique inutilement, et rend plus délicate la méthode
simple de Kjeldahl.

De toutes les combinaisoms métalliques qui jusqu'aujourd'hui furent proposées pour activer la décomposition de la substance organique, le mercure métallique, qu'on ajoute dans la proportion de $0^{gr},6$ à $0^{gr},7$ pour 20 centimètres cubes d'acide sulfurique concentré, donne le meilleur résultat.

Quand on a affaire à des substances qui produisent beaucoup de mousse par l'attaque à l'aide de l'acide sulfurique (par exemple les matières sucrées et autres du même genre), au lieu d'ajouter de la paraffine, qui ne fait que prolonger la durée de la décomposition, il est préférable de chauffer directement, au-dessus d'une flamme de gaz, la substance additionnée d'acide sulfurique concentré. On agite avec précaution le ballon et on continue l'opération aussi longtemps qu'il se produit un vif dégagement d'acide sulfureux. Ordinairement la mousse disparaît en même temps que l'acide sulfureux cesse de se dégager.

Les combinaisons mercuro ou cupro-ammoniacales qui d'après Kjeldahl se produisent quand on emploie le mercure métallique ou les sels de cuivre, sont, d'après Arnold, complètement décomposées par la distillation avec la lessive de soude additionnée de zinc en poudre au lieu de sulfure de sodium. Toutefois, il est toujours à craindre, que, par suite d'un vif dégagement d'hydrogène, des particules de lessive soient entraînées dans le ballon. Il faut donc apporter une grande attention à la distillation.

Pour la distillation de l'ammoniaque, surtout dans le procédé de Kjeldahl, les ballons en fonte sont à recommander [1]. A la station impériale de recherches de chimie agricole de Vienne, où on les emploie depuis plu-

---

[1] Les ballons en fonte ont une capacité d'environ 500 centimètres cubes, pèsent environ 1,5 kg. et sont fournis par la maison « Rohrbeck's Nachfolger » de Vienne, au prix de 70 kreutzer la pièce.

sieurs années, on en est très satisfait. La distillation dans ces ballons produit la décomposition complète des combinaisons mercuro-ammoniacales et cela sans addition de sulfure de soude. Ces composés sont complètement réduits par les petites quantités d'hydrogène qui se dégagent et le mercure est précipité à l'état métallique ; de cette façon le serpentin de l'appareil à distiller et le distillat ne sont pas souillés par le sulfure de mercure, comme cela à toujours lieu quand on emploie le sulfure de soude.

Ce qui a été dit plus haut s'applique aussi aux combinaisons cuivriques, par exemple, celles que l'on rencontre toujours dans le dosage de l'azote des substances protéiques obtenues par la méthode de Ritthausen. Quand on fait usage des ballons en fer, la lessive employée doit évidemment être exempte d'acide nitrique.

Quand on fait la distillation de Kjeldahl sans réfrigérant, dans des ballons soit en fer, soit en verre, il est absolument nécessaire d'ajouter à la lessive 5 à 10 centimètres cubes d'alcool, sans quoi, il arrive presque toujours comme j'ai pu le constater moi-même, qu'au début de la distillation de petites quantités d'ammoniaque s'échappent avec les bulles d'air, malgré l'acide sulfurique.

On pratique de la manière suivante la distillation dans les ballons en fer :

On dilue d'abord le mélange sulfurique contenu dans le ballon d'attaque avec environ 40 centimètres cubes d'eau, on introduit la solution refroidie dans le récipient de fer et aussi les eaux de lavage du petit ballon, puis on ajoute 100 à 120 centimètres cubes de lessive de soude exempte d'acide nitrique (de densité 1,3) et 5 à 10 centimètres cubes d'alcool. On distille en chauffant directement le ballon sur une petite flamme d'un bec Bunsen. Le ballon ne renferme pas plus de 200 à 220 centimètres cubes de liquide, ce qui est très important pour éviter la mousse.

9.

Ces 100 centimètres cubes [de lessive de soude sont calculés pour 20 centimètres cubes d'acide sulfurique concentré, qui suffisent généralement pour un Kjeldahl.

DISTILLATION D'APRÈS KJELDAHL

Dans un ballon de verre avec addition de sulfure de sodium.	Dans un ballon en fer sans addition de sulfure de sodium.

AZOTE EN GRAMMES

A. 50 cc. d'une solution de sulfate d'ammoniaque, plus 0,7 gr. de mercure	0,07935	0,07928
B. 50 cc. d'une solution de sulfate d'ammoniaque avec addition de 2 gr. de sulfate de cuivre. . .	0,07931	0,07926

Nous possédons aussi pour le dosage de l'azote nitrique deux méthodes directes excellentes, qui donnent non seulement des résultats exacts et sûrs, mais sont aussi très simples et rapides à ce point qu'on peut les compter parmi les meilleures méthodes d'analyse.

Dans la méthodes « Ulsch » « Centr-Bl », 1890, p. 926) la réduction de l'azote nitrique se fait dans une solution étendue d'acide sulfurique de concentration donnée, au moyen du fer en poudre réduit par l'hydrogène. L'ammoniaque formée est dosée par distillation.

Dans la méthode de Desvarda (« Chem-Ztg, » 1893, p. 1952) l'azote nitrique est réduit, dans une solution alcaline très étendue, à l'état d'ammoniaque, par de la poudre d'un alliage d'aluminium, de cuivre et de zinc. On distille en même temps. Cette méthode peut s'employer dans tous les cas et n'est pas uniquement indiquée pour une solution déterminée.

Dans ces derniers temps, Desvarda a réussi à préparer un alliage plus riche en aluminium, de même dureté que le premier mais qui agit plus promptement et est attaqué plus énergiquement par la lessive. Ainsi cette méthode est encore simplifiée et peut être employée dans tous les cas de dosage d'acide nitrique.

Le nouvel alliage facile à fabriquer[1] contient :

        Aluminium . . . .   59,0 p. 100
        Cuivre   39,0   —
        Zinc   2,0   —

Avec cet alliage on opère de la façon suivante : 10 grammes de salpêtre sont dissous dans un litre d'eau et 50 centimètres cubes de la solution sont introduits dans un ballon d'Erlemnayer d'une contenance de 1000 centimètres cubes. On ajoute environ 150 centimètres cubes d'eau, 5 centimètres cubes d'alcool et 20 centimètres cubes de lessive de potasse exempte d'acide nitrique, de densité 1,3, puis 2 grammes d'alliage en poudre[2], Comme la réaction commence immédiatement, sans qu'on ait besoin de chauffer le liquide, il faut de suite relier le ballon à l'appareil à distiller et recevoir les gaz ammoniacaux qui se dégagent dans de l'acide sulfurique titré. On commence à distiller ; d'abord lentement, tant qu'il y a encore de petites quantités d'alliage (environ dix minutes) puis assez vivement pour qu'on aperçoive un jet de vapeur s'échapper des ballons. La distillation est terminée en vingt à vingt-cinq minutes.

Sans nuire à l'exactitude du résultat, on peut facilement modifier cette méthode pour qu'elle puisse aussi servir, au dosage du salpêtre en présence des substances organiques azotées, et à la détermination de l'azote total, en présence de l'azote nitrique, de l'azote ammoniacal et organique.

Pour le dosage du salpêtre en présence des substances organiques azotées, on opère comme suit : 50 centimètres cubes de solution aqueuse ou chlorhydrique préalablement

---

[1] Se trouve à la maison Lenoir et Forster à Vienne.

[2] Il est très important que l'alliage soit pulvérisé le plus finement possible et ne contienne pas de gros grains.

neutralisée sont additionnés de 230 à 250 centimètres cubes d'eau, 5 centimètres cubes d'alcool, 2 grammes à $2^{gr},5$ d'alliage et 15 centimètres cubes de lessive de potasse exempte d'acide nitrique (densité 1,3). On continue comme ci-dessus. La distillation ne doit pas durer plus de vingt-cinq minutes et la teneur en salpêtre de la solution ne doit pas dépasser $0^{gr},5$.

Dans ces conditions, la réaction se fait plus lentement que précédemment (la décomposition dure une heure environ), mais la réduction du nitrate en ammoniaque se fait aussi complètement et sans danger, car la lessive très étendue (environ 2 p. 100 de lessive de potasse qu'on emploie) transforme en ammoniaque, l'azote des substances organiques solubles.

Si ces substances contiennent aussi de l'ammoniaque, celle-ci est préalablement dosée directement d'après le procédé de distillation cité plus haut, sans addition d'alliage, ou bien chassée de la solution par une simple ébullition. Après refroidissement, on remplace l'eau évaporée et on procède au dosage des nitrates comme il a été exposé plus haut.

On peut aussi doser exactement l'azote nitrique en présence des substances organiques azotées par la méthode d'Ulsch en en modifiant le procédé de distillation de l'ammoniaque.

Pour le dosage de l'azote total, en présence d'azote ammoniacal organique et d'azote nitrique, les méthodes suivantes sont recommandables.

Dans le guano et dans toutes les autres substances sèches contenant du salpêtre, on détermine le plus avantageusement l'azote total par le procédé de Kjeldahl modifié par A. Scovell [1]). Ce procédé fournit des résultats

----

[1] *Zeitschrift für anal. Chimie*, 1888, p. 615.

très exacts quand on l'exécute de la façon suivante :

On introduit dans un ballon $0^{gr},5$ à 2 grammes de la substance à doser (selon la teneur en azote); on ajoute 15 centimètres cubes d'une solution à 6 p. 100 d'acide salicylique dans l'acide sulfurique concentré. Agiter de temps en temps, pendant une demi-heure, à froid, le mélange; on y ajoute peu à peu en remuant toujours environ 2 grammes de zinc en poudre, puis $0^{gr},7$ de mercure métallique. On chauffe le ballon sur une toile métallique, d'abord avec précaution, puis à l'ébullition jusqu'à ce que le liquide soit incolore.

La méthode combinée de Desvarda donne surtout de bons résultats, quand on l'applique au dosage de l'azote total dans les eaux, les purins et dans d'autres substances difficiles à dessécher.

La substance pesée, ou le liquide mesuré, qui ne doit pas contenir plus de $0^{gr},4$ de salpêtre, est versé dans un flacon d'Erlenmayer d'un demi-litre, étendu d'eau jusqu'à 150 centimètres cubes, puis additionné de $1^{gr},5$ d'alliage et de 7 à 8 centimètres cubes de lessive de potasse (densité $= 1,3$). On dose l'azote ammoniacal et nitrique, d'après le procédé de Desvarda décrit précédemment.

Après la distillation, le contenu du ballon est refroidi, puis additionné de 20 à 25 centimètres cubes d'acide sulfurique concentré et $0^{gr},5$ de mercure. On chasse complètement l'eau en chauffant sur une plaque d'amiante. On continue la décomposition de la matière organique azotée d'après la méthode de Kjeldahl.

Par suite de la grande capacité de réduction dont cet alliage d'aluminium est doué, il est possible de doser exactement l'azote nitrique dans tous les cas donnés; et en employant en même temps la modification ci-dessus décrite, on peut déterminer séparément l'azote ammoniacal, nitrique et organique dans une même substance.

V

ÉTATS-UNIS D'AMÉRIQUE

MÉTHODES OFFICIELLES D'ANALYSE

ADOPTÉES PAR

L'ASSOCIATION DES CHIMISTES OFFICIELS D'AGRICULTURE

DANS SES RÉUNIONS DES 5, 6 ET 7 SEPTEMBRE 1895

1° Préparation de l'échantillon

L'échantillon doit être bien mélangé, finement broyé et passé par un tamis avec perforations circulaires de 1 millimètre de diamètre. Le broyage et le tamisage doivent être effectués le plus rapidement possible pour éviter la diminution ou l'augmentation de l'humidité pendant ces opérations.

2° Détermination de la teneur d'eau

Quand il s'agit de sels de potasse, de nitrate de soude et de sulfate d'ammoniaque, chauffer de 1 à 5 grammes à 130° jusqu'à ce que le poids reste constant et déterminer la teneur d'eau par la perte de poids. De tous les autres engrais chauffer 2 grammes, ou 5 grammes si l'échantillon est très grossier, pendant cinq heures à 100° dans un bain de vapeur.

3° Détermination de l'acide phosphorique

A. *Méthode gravimétrique.*

(1) Préparation des réactifs

a. *Dissolution de citrate d'ammoniaque.* — Dissoudre 370 grammes d'acide citrique du commerce dans 1500 centimètres cubes d'eau ; neutraliser à peu près avec de l'ammoniaque du commerce ; refroidir ; additionner d'ammoniaque jusqu'à la neutralisation complète (en faisant l'épreuve avec une dissolution alcoolique saturée de coralin) et de ramener au volume de 2 litres. Déterminer le poids spécifique qui doit être de 1,0900 à 20° avant l'emploi.

Mode opératoire. — A 370 grammes d'acide citrique du commerce ajouter de l'ammoniaque du commerce, ayant le poids spécifique de $0^{gr},96$, jusqu'à neutralité approximative ; réduire le poids spécifique à peu près à $1^{gr},09$ et obtenir la neutralité absolue en faisant l'épreuve comme suit : Préparer une dissolution de chlorure de calcium fondu, 200 grammes par litre, et ajouter quatre volumes d'alcool fort. Rendre le mélange absolument neutre en employant une petite quantité de dissolution de coralin fraîchement préparée comme indicateur préalable et faire l'épreuve finale en enlevant une partie, en la diluant par une quantité égale d'eau et en éprouvant par une dissolution de cochenille ; 50 centimètres cubes de cette dissolution précipiteront l'acide citrique dans 10 centimètres cubes de la dissolution de citrate. Ajouter 50 centimètres cubes de la dissolution alcoolique de chlorure de calcium à 10 centimètres cubes de la dissolution à peu près neutre de citrate, agiter bien, filtrer de suite sur un filtre plié, diluer avec une quantité égale d'eau et faire l'épreuve de la réaction avec de la dissolution neutre de cochenille. Si la dissolution est acide ou alcaline ajouter, selon le cas, de l'ammoniaque ou de l'acide citrique, mélanger et faire une nouvelle épreuve comme avant. Répéter ces opérations jusqu'à l'obtention d'une réaction neutre. Amener au poids spécifique convenable de 1,0900 à 20°.

b. *Dissolution de molybdène.* — Dissoudre 100 grammes d'acide molybdique dans 400 grammes ou 417 centimètres cubes d'ammoniaque du poids spécifique de 0^{gr},96 et verser la dissolution ainsi obtenue dans 1500 grammes ou 1250 centimètres cubes d'acide nitrique du poids spécifique de 1^{gr},20. Placer le mélange dans un endroit chaud pendant plusieurs jours ou jusqu'au moment où une partie chauffée à 40° ne dépose aucun précipité jaune de phospho-molybdate d'ammoniaque. Décanter la dissolution d'un dépôt quelconque et la conserver dans un récipient à bouchon de verre.

c. *Dissolution de nitrate d'ammoniaque.* — Dissoudre 200 grammes de nitrate d'ammoniaque dans l'eau et diluer à l'eau jusqu'à 2 litres.

d. *Mixture de magnésie.* — Dissoudre 22 grammes de magnésie récemment calcinée dans de l'acide chlorhydrique dilué en évitant un excès de ce dernier. Ajouter un petit excès de magnésie calcinée et faire bouillir quelques minutes pour précipiter le fer, l'alumine et l'acide phosphorique; filtrer; ajouter 280 grammes de chlorure d'ammonium, 700 centimètres cubes d'ammoniaque du poids spécifique de 0^{gr},96 et une quantité d'eau suffisante pour obtenir un volume de 2 litres. Au lieu de la dissolution de 22 grammes de magnésie calcinée on peut aussi employer 110 grammes de chlorure de magnésium cristallisé (Mg Cl² 6H²O).

e. *Ammoniaque dilué pour le lavage.* — Cette dissolution est préparée de façon qu'elle contient 2, 5 p. 100 de AzH³.

f. *Dissolution de nitrate de magnésie.* — Dissoudre 320 grammes de magnésie calcinée dans de l'acide nitrique en évitant un excès de ce dernier; ajouter ensuite un petit excès de magnésie calcinée; faire bouillir; filtrer pour retenir l'excès de magnésie, l'oxyde ferrique, etc., et diluer avec de l'eau pour obtenir le volume de 2 litres.

(2) Acide phosphorique total

a. **Méthodes pour préparer la dissolution.** — Préparer 2 grammes de l'échantillon par l'une des méthodes ci-après indiquées. Après la dissolution, refroidir, diluer à 200 ou 250 centimètres cubes, mélanger et passer par un filtre sec.

(a^1) Calciner et dissoudre dans l'acide chlorhydrique.

(a^2) Évaporer avec 5 centimètres cubes de nitrate de magnésie, calciner et dissoudre dans de l'acide chlorhydrique.

(a^3) Faire bouillir avec 20 à 30 centimètres cubes d'acide sulfurique fort en ajoutant de 2 à 4 grammes de nitrate de soude ou de potasse au commencement de la digestion et une petite quantité quand la dissolution est devenue à peu près incolore, ou en ajoutant de temps en temps du nitrate en petites quantités. L'emploi d'une bouteille Kjeldahl marquée 250 centimètres cubes est recommandé. Quand la dissolution est devenue incolore, ajouter 150 centimètres cubes d'eau, faire bouillir quelques minutes, refroidir et remplir jusqu'à la marque.

(a^4) Digérer avec de l'acide sulfurique fort et avec tels autres substances de réaction que l'on emploie dans les méthodes soit entières soit modifiées de Kjeldahl ou de Gunning pour l'estimation de l'azote. N'ajouter pas de permanganate de potasse, mais quand la dissolution est devenue incolore, ajouter à peu près 100 centimètres cubes d'eau et faire bouillir pendant quelques minutes ; refroidir et remplir à un volume convenable ; on recommande $2^{gr},5$ de substance et une bouteille de digestion marquée à 250 centimètres cubes.

(a^5) Dissoudre dans 30 centimètres cubes d'acide nitrique concentré avec une petite dose d'acide chlorhydrique et faire bouillir jusqu'à la destruction de toute matière organique.

(a^6) Ajouter 30 centimètres cubes d'acide chlorhydrique concentré, chauffer et ajouter avec précaution, par petites doses à la fois, à peu près $0^{gr},5$ de chlorate de potasse finement pulvérisé pour détruire les substances organiques.

(a^7). Dissoudre dans 15 à 30 centimètres cubes d'acide chlorhydrique fort avec 3 à 10 centimètres cubes d'acide nitrique. Cette méthode est recommandée pour les engrais contenant beaucoup de phosphate de fer ou d'alumine.

b. **Détermination**. — Prendre une partie aliquote de la dissolution préparée comme ci-dessus correspondant à $0^{gr},25$, à $0^{gr},5$ ou à 1 gramme, neutraliser avec de l'ammoniaque et clarifier avec quelques gouttes d'acide nitrique. Dans les cas où l'acide chlorhydrique ou l'acide sulfurique ont été employés comme dissolvants, ajouter à peu près 15 grammes de nitrate d'ammoniaque sec ou une dissolution à teneur correspondante. Ajouter à la dissolution chaude 50 centimètres cubes de dissolution de molybdène par décigramme de P²O³ en présence. Digérer à peu près 65° C. pendant une heure, filtrer et laver à l'eau froide ou de préférence à une dissolution de nitrate d'ammoniaque.

Faire l'épreuve du liquide filtré sur l'acide phosphorique par un renouvellement de digestion et par l'addition de plus de dissolution de molybdène. Dissoudre le précipité sur le filtre avec de l'ammoniaque et de l'eau chaude et laver dans un godet ne contenant pas plus de 100 centimètres cubes. Neutraliser à peu près avec de l'acide chlorhydrique, refroidir et ajouter du mélange de magnésie par une burette ; ajouter lentement (à peu près une goutte par seconde) et agiter vigoureusement. Après quinze minutes, ajouter 30 centimètres cubes d'ammoniaque dissous à 0,96 de densité. Laisser reposer un certain temps ; deux heures suffisent généralement. Filtrer, laver avec 2,5 p. 100 de AzH³, jusqu'au débarrassement pratique de chlorures, chauffer au blanc ou au blanc grisâtre et peser.

(3) Acide phosphorique soluble dans l'eau

Placer 2 grammes sur un filtre de 9 centimètres, laver avec des petites quantités successives d'eau en laissant chaque dose passer avant d'en ajouter une nouvelle, jusqu'à ce que la dissolution filtrée arrive au volume approximatif de 250 centimètres cubes. (Si la dissolution filtrée est trouble, ajouter un peu d'acide nitrique.) Remplir à un volume déterminé convenable ; mélanger bien ; prendre une quantité appropriée et déterminer l'acide phosphorique comme il est indiqué au dosage d'acide phosphorique total.

(4) Acide phosphorique insoluble au citrate

a. Dans les produits acidulés. — Chauffer à 65° C. 100 centimètres cubes de dissolution absolument neutre de citrate d'ammoniaque du poids spécifique de 1,0900 dans une bouteille placée dans un bain d'eau chaude, en maintenant la bouteille légèrement bouchée pour empêcher l'évaporation. Quand la dissolution de citrate, renfermée dans la bouteille, est chauffée à 65° C. plonger dans cette dissolution le filtre qui contient le résidu lavé provenant de la détermination de l'acide phosphorique soluble dans l'eau, boucher hermétiquement avec un bouchon en caoutchouc tendre et agiter violemment jusqu'à ce que le papier filtrant soit réduit en pulpe. Placer la bouteille de nouveau dans le bain et maintenir le bain-marie à une température telle que le contenu de la bouteille se maintient exactement à 65° C. Agiter la bouteille toutes les cinq minutes. A l'expiration d'une période d'exactement trente minutes après l'introduction du filtre avec le résidu, enlever la bouteille du bain-marie et filtrer le plus rapidement possible. Laver bien avec de l'eau à 65° C. Mettre le filtre et son contenu dans un creuset, calciner jusqu'à la destruction complète de toute matière organique, ajoutez de 10 à 15 centimètres cubes d'acide chlorhydrique fort et digérer jusqu'à ce que tout le phosphate soit dissout ; ou remettre le filtre avec son contenu dans la bouteille de digestion, ajouter de 30 à 35 centimètres cubes d'acide nitrique fort et de 5 à 10 centimètres cubes d'acide chlorhydrique fort et faire bouillir jusqu'à la dissolution de tout le phosphate. Diluer la dissolution jusqu'au volume de 200 centimètres cubes. Si on le désire on peut traiter le filtre et son contenu par les méthodes (a^2) (a^3) ou (a^4) sous la rubrique : acide phosphorique total. Mélanger bien, filtrer par un filtre sec, prendre une quantité déterminée du produit de la filtration et déterminer l'acide phosphorique comme sous : acide phosphorique total.

b. *Dans les produits non acidulés.* — Dans le cas où il est nécessaire de déterminer l'acide phosphorique insoluble au citrate dans des produits non acidulés on y procède en traitant 2 grammes de la substance phosphatée, sans lavage préalable à l'eau, exactement de la manière ci-dessus décrite, excepté dans le cas où la substance contient beaucoup de matière animale (os, poisson, etc.), le résidu insoluble dans le citrate d'ammoniaque devant alors être traité suivant l'une des méthodes décrites sous : acide phosphorique total, soit (a^2) (a^3) ou (a^4).

(5) ACIDE PHOSPHORIQUE SOLUBLE AU CITRATE

La somme de l'acide soluble à l'eau et de l'acide insoluble au citrate, déduite de la totalité donne la proportion de l'acide soluble au citrate.

B. *Méthode volumétrique.*

(Cette méthode n'est pas officielle, mais l'Association a ordonné qu'elle serait imprimée directement après la méthode gravimétrique officielle avec la restriction qu'elle serait ultérieurement étudiée et soumise, pour son adoption, à l'Association, à sa prochaine réunion.)

(1) PRÉPARATION DES RÉACTIFS

a. *Dissolution de molybdène.* — Ajouter à 100 centimètres cubes de dissolution molybdique, préparée comme sous (*b*) (p. 163), 5 centimètres cubes d'acide nitrique (poids spécifique 1,42). Cette dissolution doit être filtrée chaque fois avec son emploi.

b. *Dissolution de nitrate de potasse ou de nitrate d'ammoniaque pour lavages.* — Dissoudre 3 grammes de l'un ou l'autre sel dans 100 centimètres cubes d'eau.

c. *Dissolution d'acide nitrique pour lavages.* — Diluer 100 centimètres cubes d'acide nitrique (poids spécifique 1,42) avec de l'eau jusqu'au volume de 1 litre.

d. *Dissolution titrée d'hydroxyde de potassium.* — Cette dissolution contient $10^{gr},171$ d'hydroxyde de potassium par litre. On la prépare en diluant 323,81 centimètres cubes d'hydroxyde de potassium normal, débarrassé des carbonates par l'hydroxyde de barium, jusqu'au volume de 1 litre. 100 centimètres cubes de la dissolution doivent neutraliser 32,38 centimètres cubes d'acide normal. Un centimètre cube est égal à 1 milligramme de P^2O^5 (1 p. 100 de P^2O^5 à la base de $0^{gr},1$ de substance).

e. *Dissolution titrée d'acide nitrique.* — La force de cette dissolution est la moitié de celle de la dissolution titrée d'alcali et on la détermine en titrant en proportion de cette dissolution avec emploi du phénolphtaléine comme indicateur.

f. *Dissolution de phénolphtaléine.* — On dissout 1 gr. de phénolphtaléine dans 100 centimètres cubes d'alcool.

(2) ACIDE PHOSPHORIQUE TOTAL.

a. **Méthodes pour faire la dissolution.** — Dissoudre suivant les méthodes (a^2) (a^5) (a^6) ou (a^7) (p. 164 et 165), de préférence (a^5) quand ces acides sont des dissolvants convenables, et diluer avec de l'eau jusqu'à 200 centimètres.

b. **Détermination.** — (b^1) Dans les échantillons contenant moins de 5 p. 100 de P^2O^5. — Ajouter à 40 centimètres cubes de la dissolution préparée d'après les indications déjà données (et correspondant à $0^{gr},4$ de substance) 10 centimètres cubes d'acide nitrique concentré (5 centimètres cubes quand la dissolution est préparée comme sous a^5) et ensuite ajouter de l'ammoniaque jusqu'à ce qu'un léger précipité permanent commence à se former, et diluer jusqu'à 60 ou 75 centimètres cubes. Chauffer au bain-marie à la température de

10

60 à 65° C., ajouter 50 centimètres cubes de dissolution de molybdène fraîchement filtrée (1, *a*) par chaque décigramme de P²O⁵ en présence et digérer à cette température six minutes après l'addition de la dissolution de molybdène (de huit à dix minutes peuvent devenir nécessaires quand il y a moins de 1 p. 100 de P²O⁵ en présence).

Décanter le liquide clair sur le filtre aussi vite que possible[1]. Laver le précipité par décantation, deux fois avec la dissolution d'acide nitrique (1, *c*) en employant chaque fois 50 à 75 centimètres cubes de la dissolution, en agitant à fond et en permettant au précipité de se déposer complètement, une fois avec la même quantité de la dissolution de nitrate de potasse ou de nitrate d'ammoniaque (1, *b*) transmettre sur le filtre et laver jusqu'à ce que le produit filtré ne soit plus acide (250 centimètres cubes d'eau sont en général suffisants). Laver ensuite le précipité avec le filtre dans le godet, ajouter un excès de la dissolution d'hydroxyde de potassium normal (1, *b*) et quelques gouttes de la dissolution de phénolphtaléine (1, *f*) et titrer l'excès d'alcali en ajoutant de la dissolution d'acide nitrique normal (1, *e*) jusqu'à disparition de la couleur.

Le nombre de centimètres cubes d'alcali employé moins le nombre de centimètres cubes d'acide nécessaire pour neutraliser la dissolution est égale au nombre de milligrammes de P²O⁵ en présence.

---

[1] Filtrer aussi vite que possible (en employant la pression) dans un entonnoir Hirsch en porcelaine, avec perforation de trois pouces, par un disque de papier filtrant tendre, dans un creuset Gooch avec une ou deux pièces de papier filtrant un peu plus grandes que le fond du creuset et bien pressées contre le fond, ou dans un entonnoir de trois pouces muni d'un cône ou disque perforé en platine recouvert d'amiante épais. On peut aussi employer du papier filtrant mais les autres filtres sont de beaucoup préférables dans l'ordre indiqué. Il est spécialement recommandé que l'entonnoir Hirsch de trois pouces doit être employé où c'est possible, parce qu'il permet une filtration rapide et des lavages commodes et rationnels.

(*b²*) *Dans les échantillons contenant 5 p. 100 de* P^2O^5 *ou plus.* — A 20 centimètres cubes de la dissolution préparée suivant l'une des méthodes mentionnées sous (*a*) (p. 164) (équivalent $0^{gr},2$ de la substance) ajouter 10 centimètres cubes d'acide nitrique concentré (5 centimètres cubes si la dissolution a été préparée suivant (*a⁵*) et ensuite ajouter de l'ammoniaque jusqu'à ce qu'un léger précipité commence juste à se former, diluer jusqu'à environ 100 centimètres cubes et procéder comme sous (*b¹*).

(3) Acide phosphorique soluble dans l'eau

Dissoudre suivant les instructions données sous A (3) (p. 166). A une quantité aliquote de la dissolution correspondant à $0^{gr},2$, ou $0^{gr},4$ ajouter 10 centimètres cubes d'acide nitrique concentré et ensuite de l'ammoniaque jusqu'à ce qu'un léger précipité permanent commence à se former, diluer jusqu'entre 60 et 75 centimètres cubes et procéder comme sous (2) (*b¹*).

(4) Acide phosphorique insoluble au citrate

Faire la dissolution d'après la description sous (4) (p. 166) et déterminer l'acide phosphorique dans une quantité aliquote correspondant à $0^{gr},4$ comme prescrit sous (2) *b¹*.

(5) Acide phosphorique soluble au citrate

La somme de l'acide soluble à l'eau et de l'acide insoluble au citrate, déduite de la totalité d'acide, donne la proportion de l'acide phosphorique soluble au citrate.

4° Détermination de l'azote

A. **Méthode Kjeldahl.** — (Non applicable en présence de nitrates.)

(1) Préparation des réactifs

a. **Dissolution d'acide normal**. — aˡ. *Acide chlorhydrique normal* dont la force absolue a été déterminée par la précipitation avec du nitrate d'argent et par la pesée du chlorure d'argent comme suit :

A une quantité convenable quelconque de l'acide à éprouver ajouter de la dissolution de nitrate d'argent légèrement en excès et 2 centimètres cubes d'acide nitrique pur de poids spécifique de 1,2. Chauffer au point d'ébullition et maintenir à cette température pendant quelques minutes sans permettre une ébullition violente et en agitant constamment jusqu'à ce que le précipité prend une forme granulée. Laisser un peu refroidir et filtrer sur de l'amiante. Laver le précipité par décantation avec 200 centimètres cubes d'eau très chaude à laquelle on aura ajouté 8 centimètres cubes d'acide nitrique et 2 centimètres cubes d'une dissolution diluée de nitrate d'argent contenant 1 gramme du sel par 100 centimètres cubes d'eau. On procède au lavage par décantation en ajoutant le mélange chaud par petites quantités à la fois et en remuant bien le précipité, après chaque addition, à l'aide d'une mince baguette de verre. La pompe est maintenue en fonction pendant tout ce temps, mais pour retenir la poussière pendant le lavage, le couvercle n'est enlevé du creuset que quand on ajoute le liquide.

Mettre la capsule et le précipité à part, retourner les eaux de lavages une fois sur l'amiante pour les rendre tout à fait claires et mettez de côté pour récupérer l'excès d'argent. Rincer le récipient et compléter le lavage du précipité avec à peu près 200 centimètres cubes d'eau froide. La moitié en est employée pour laver par décantation et le restant pour remettre le précipité dans le creuset : finir le lavage dans le creuset même en broyant avec la baguette de verre les morceaux de chlorure d'argent. Enlever le second liquide filtré du récipient et passer à peu près 20 centimètres cubes d'alcool de 98° par le précipité. Sécher à la température de 140 à 150° C. Il est plus que suffisant d'exposer à cette température pendant une demi-heure pour obtenir la dessiccation complet du précipité.

a^2. *Acide sulfurique normal* dont la force absolue a été déterminée par la précipitation avec du chlorure de baryum.

Pour l'usage ordinaire, on recommande de l'acide demi-normal, c'est-à-dire de l'acide contenant 18^{gr},2285 d'acide chlorhydrique ou 24^{gr},5185 d'acide sulfurique par litre.

Pour la détermination de très petites quantités d'azote, on recommande l'emploi d'acide normal au dixième. En titrant des acides minéraux contre des dissolutions d'ammoniaque, prendre la teinture de cochenille comme indicateur.

b. **Dissolution d'alcali normal.** — La force de cette dissolution par rapport à l'acide doit être exactement déterminée. Une dissolution normale au dixième, c'est-à-dire contenant 1^{gr},7051 d'ammoniaque par litre est recommandée pour un travail exact.

c. **Acide sulfurique.** — L'acide sulfurique employé doit avoir le poids spécifique de 1,84 et il doit être exempt de nitrates et aussi de sulfate d'ammoniaque que l'on ajoute quelquefois pendant sa fabrication pour détruire les oxydes d'azote.

d. **Mercure métallique ou oxyde de mercure.** — Quand on emploie de l'oxyde de mercure, il faut le préparer par la voie humide, mais non avec du nitrate de mercure.

e. **Permanganate de potasse.** — Cet agent est employé à l'état finement pulvérisé.

f. **Zinc granulé, pierre ponce ou poudre de zinc.** — L'un de ces moyens de réaction est ajouté au contenu des ballons de distillation, si on le juge nécessaire, afin d'empêcher l'effervescence. Quand on emploie la poudre de zinc, $0^{gr},5$ seront trouvés suffisants.

g. **Dissolution de sulfure de potassium.** — Une dissolution de 40 grammes de sulfure de potassium du commerce dans un litre d'eau.

h. **Dissolution d'hydroxyde de sodium.** — Une dissolution saturée d'hydroxyde de sodium exempt de nitrates.

i. **Indicateur.** — Une dissolution de cochenille est préparée par la digestion et par l'agitation fréquente de 3 grammes de cochenille pulvérisée dans un mélange de 50 centimètres cubes d'alcool fort et de 200 centimètres cubes d'eau distillée pendant un jour ou deux aux températures ordinaires. La dissolution filtrée est employée comme indicateur.

(2) Appareils

a. **Bouteilles de digestion de Kjeldahl.** — Ce sont des bouteilles en forme de poire à fond rond fabriquées en verre dur, modérément épais et bien uni, ayant une capacité totale d'environ 250 centimètres carrés. Elles ont une longueur de 22 centimètres, leur diamètre maximal est de 6 centimètres qui diminue graduellement en un long col dont le diamètre est de 2 centimètres à la partie la plus étroite et qui est un peu élancé au goulot.

b. **Bouteilles de distillation.** — Pour la distillation, on peut employer une bouteille de forme ordinaire d'environ 550 centimètres cubes de capacité. Elle est munie d'un bouchon en caoutchouc avec un tube à ampoules au-dessus pour parer à la possibilité de l'entraînement mécanique d'hydrate de sodium pendant la distillation. Les ampoules ont environ 3 centimètres de diamètre, les tubes ayant le même diamètre comme le condenseur et coupés obliquement à l'extrémité inférieure qui communique avec le condenseur par un tuyau de caoutchouc.

c. **Bouteilles de Kjeldahl servant à la digestion et à la distillation.** — Ce sont des bouteilles en forme de poire à fond rond faites en verre dur, modérément épais et bien uni et ayant une capacité totale d'environ 500 centimètres cubes. Quand on les utilise pour la distillation, on les munit de bouchons en caoutchouc et de tubes à ampoules, comme les bouteilles de distillation.

(3) Détermination

a. **La digestion**. — Selon leur proportion d'azote on introduit de $0^{gr},7$ à $3^{gr},5$ de la substance à analyser dans une bouteille de digestion avec approximativement $0^{gr},7$ d'oxyde de mercure ou avec l'équivalent en mercure métallique, et avec 20 centimètres cubes d'acide sulfurique. La bouteille est placée dans une position inclinée et chauffée, en dessous du point d'ébullition de l'acide, de cinq à quinze minutes ou jusqu'à ce que le mélange ne mousse plus. Si le mélange mousse pas mal on peut y ajouter un petit morceau de paraffine. Ensuite on élève la chaleur jusqu'à ce que l'acide bout vivement. On n'a alors plus besoin de s'en occuper avant que le contenu de la bouteille ne soit devenu un liquide clair, incolore ou tout au plus d'une très pâle couleur de paille. La bouteille est alors retirée du feu, on la tient debout et pendant que le liquide est encore chaud on y verse avec soin et par petites quantités du permanganate de potasse jusqu'à ce qu'après agitation, le liquide devienne d'une couleur verte ou poupre.

b. **La distillation.** — Après refroidissement on verse le contenu de la bouteille dans la bouteille de distillation avec environ 200 centimètres cubes d'eau, avec quelques morceaux de zinc granulé, de pierre ponce, ou $0^{gr},5$ de poudre de zinc si l'on juge utile d'empêcher le contenu de la bouteille de monter, et avec 25 centimètres cubes de dissolution de sulfure de potassium ; on agite la bouteille pour mélanger son contenu. Ensuite on ajoute 50 centimètres cubes de la dissolution de soude, ou une quantité suffisante pour rendre la réaction fortement alcaline, en la laissant couler au long du côté de la bouteille de façon qu'elle ne se mélange pas de suite avec la dissolution acide. Mettre la bouteille en communication avec le condenseur, mélanger le contenu par agitation et distiller jusqu'à ce que tout l'ammoniaque soit passé dans l'acide normal. Les premiers 150 centimètres cubes du produit de la distillation contiendront généralement tout l'ammoniaque. Cette opération demande ordinairement de quarante à quatre-vingt-dix minutes. Le produit de la distillation est alors titré à l'alcali normal.

L'emploi de l'oxyde de mercure abrège fortement la durée de la digestion qui dépasse rarement une heure et demie quand les substances sont difficiles à oxyder et qui est plus généralement inférieure à une heure. L'emploi du permanganate de potasse devient dans la plupart des cas inutile, mais on suppose qu'il est nécessaire pour l'oxydation complète dans des cas exceptionnels et dans le doute on l'emploie toujours.

Le sulfure de potassium enlève tout le mercure de la dissolution et empêche ainsi la formation de combinaisons de mercure et d'ammoniaque qui ne sont pas complètement décomposées par l'hydroxyde de sodium. L'addition de zinc donne lieu à une production d'hydrogène et empêche la montée violente. Avant leur emploi, on doit faire l'épreuve des réactifs par une expérience au sucre qui réduit partiellement les nitrates quelconques en présence, pouvant autrement échapper à l'attention.

B. **Méthode de Guning**. — (Non applicable en présence de nitrates.)

(1) Préparation des réactifs

a. **Sulfate de potasse**. — Ce réactif doit être pulvérisé avant son emploi.

b. **Acide sulfurique**. — On emploie le même acide sulfurique comme dans la méthode de Kjeldahl (*c*) (p. 173).

(2) Appareil

L'appareil employé est le même comme pour la méthode de Kjeldahl.

(3) Détermination

Selon la teneur d'azote, mettre de $0^{gr},7$ à $3^{gr},5$ de la substance à analyser dans une bouteille de digestion ayant une capacité de 250 à 500 centimètres cubes. Ensuite ajouter 10 grammes de sulfate de potasse pulvérisé et de 15 à 25 centimètres cubes (ordinairement environ 20 centimètres cubes) d'acide sulfurique concentré. Conduire la digestion comme dans la méthode de Kjeldahl en chauffant d'abord à une température au-dessous du point d'ébullition et en augmentant la chaleur graduellement jusqu'à ce que le mélange cesse de mousser. Digérer jusqu'à ce que le liquide soit incolore ou à peu près N'ajouter ni permanganate de potasse, ni sulfure de potassium. Diluer, neutraliser et distiller comme dans la méthode de Kjeldhal. Pendant la neutralisation, il est utile d'ajouter quelques gouttes de phénolphtaléine, indicateur par lequel on peut savoir quand l'acide est complètement neutralisé, en se rappelant que la couleur brun de girofle, indiquant une réaction alcaline, est détruite par un excès considérable de fort alcali fixe. La distillation et le titrage sont conduits comme dans la méthode de Kjeldahl.

C. Méthode de Kjeldahl modifiée pour servir en présence de nitrates.

(1) Préparation des réactifs

A part des réactifs énumérés pour la méthode de Kjeldahl on a besoin de :

(*a*) **Poudre de zinc.** — Il faut de la poudre impalpable; du zinc granulé ou des limailles de zinc ne font pas l'affaire.

(*b*) **Thiosulfate de soude.**

(*c*) **Acide salicylique du commerce.**

(2) Appareils

L'appareil employé est le même comme pour la méthode de Kjeldahl *a*, **2**.

(3) Détermination

Mettre de $0^{gr},7$ à $3^{gr},5$ de la substance à analyser dans une bouteille de digestion de Kjeldahl, ajouter 30 centimètres cubes d'acide sulfurique contenant 1 gramme d'acide salicylique et agiter pour bien mélanger; ensuite ajouter 5 grammes de thiosulfate de soude cristallisé. Ou ajouter à la substance 30 centimètres cubes d'acide sulfurique, contenant 2 grammes d'acide salicylique, et ensuite graduellement 2 grammes de poudre de zinc en agitant en même temps le contenu de la bouteille. Finalement poser la bouteille sur le support à bouteilles de digestion et chauffer sur une petite flamme jusqu'à ce que tout danger d'effervescence soit passé. Ensuite on augmente la chaleur jusqu'à ce que l'acide bout vivement et on continue à faire bouillir jusqu'à ce que les vapeurs blanches cessent de sortir de la bouteille. Ceci demande environ cinq à dix minutes. Ajouter approximativement $0^{gr},7$ d'oxyde de mercure ou son équivalent en mercure métallique et continuer à faire bouillir jusqu'à ce que le liquide contenu dans la bouteille deviendra incolore ou presque incolore. Dans le cas où le contenu de la bouteille pourrait devenir solide avant que ce point ne soit atteint, ajouter 10 centimètres cubes d'acide sulfurique en plus. Compléter l'oxydation par une petite quantité de permanganate de potasse de la manière usuelle et procéder à la distillation comme il est décrit pour la méthode de Kjeldahl. Les réactifs doivent être éprouvés par des expériences en blanc.

D. **Méthode de Gunning perfectionnée pour servir en présence de nitrates.**

(1) Préparations des réactifs

A part des réactifs énumérés pour la méthode de Gunning, il faut :

a. **Thiosulfate de soude.**

b. **Acide salicylique du commerce.**

(2) Appareil

L'appareil employé est le même comme pour la méthode de Kjeldahl *a*, 2.

(3) Détermination

Selon la quantité d'azote contenue dans la substance à analyser, mettre de $0^{gr},7$ à $3^{gr},5$ de cette dernière dans une bouteille de digestion ayant une capacité de 250 à 500 centimètres cubes. Ajouter de 30 à 35 centimètres cubes de mélange à l'acide salicylique, c'est-à-dire 30 centimètres cubes d'acide sulfurique avec 1 gramme d'acide salicylique, agiter pour bien mélanger et laisser reposer de cinq à dix minutes en agitant souvent; ensuite ajouter 5 grammes de thiosulfate de soude et 10 grammes de sulfate de potasse. Chauffer lentement jusqu'à ce que l'effervescence cesse et ensuite chauffer fortement jusqu'à ce que le liquide devienne à peu près incolore. Diluer, neutraliser et distiller comme dans la méthode de Gunning.

E. Méthode générale à l'oxyde de cuivre. — (Applicable à toutes les déterminations d'azote.)

(1) Préparation des réactifs

a. **Oxyde de cuivre grossier ou en forme de fil. — Doit être chauffé et refroidi avant l'emploi.**

b. **Oxyde de cuivre fin**. — Préparé par le broyage d'oxyde de cuivre ordinaire dans un mortier.

c. **Cuivre métallique.** — Cuivre granulé ou tissu de cuivre fin réduit et refroidi dans un courant d'hydrogène.

d. **Bicarbonate de soude**. — Exempt de substances organiques.

e. **Dissolution de potasse caustique.** — Faire une dissolution sursaturée de potasse caustique dans l'eau chaude. Quand l'absorption de l'acide carbonique cesse d'être prompte, la dissolution doit être écartée.

(2) Appareils

a. Tube de combustion du meilleur verre dur de Bohème, longueur à peu près 66 centimètres et diamètre intérieur $12^{mm},7$.

b. Azotomètre d'au moins 100 centimètres cubes de capacité, exactement calibré.

c. Pompe à air au mercure de Sprengel.

d. Petite pelle de papier, facilement faite avec du papier à écrire rigide.

(3) Détermination

Sur les engrais ordinaires du commerce, prélever de 1 à 2 grammes pour l'analyse. Quand il s'agit de substances fortement azotées la quantité à employer doit se régler sur la quantité présumée d'azote en présence. Remplir le tube comme suit : 1° A peu près 5 centimètres d'oxyde de cuivre grossier ; 2° mettre sur la petite pelle en papier une quantité suffisante de l'oxyde de cuivre fin pour qu'après avoir été mélangé avec la substance à analyser il remplit le tube à 10 centimètres ; verser là-dessus la substance en rinçant le verre de montre avec un peu de l'oxyde fin, et mélanger intimement avec une spatule ; verser dans le tube et rincer la petite pelle avec un peu de l'oxyde fin ; 3° environ 30 centimètres d'oxyde de cuivre grossier ; 4° environ 7 centimètres de cuivre métallique ; 5° environ 6 centimètres d'oxyde de cuivre grossier (couche antérieure) ; 6° un petit tampon d'amiante ; 7° de $0^{gr},8$ à 1 gramme de bicarbonate de soude ; 8° un grand tampon mou d'amiante. Mettre le tube au four en en laissant saillir à peu près $2^{cm},5$; relier à la pompe par un bouchon en caoutchouc graissé au glycérol en ayant soin de rendre la jonction bien hermétique.

Aspirer l'air du tube par la pompe. Quand le vide est obtenu, laisser continuer la montée du mercure ; allumer le gaz au-dessous de la partie du verre qui contient le cuivre métallique, la couche antérieure d'oxyde de cuivre (5) et le bicarbonate de soude. Aussitôt que le vide est détruit et l'appareil rempli de d'acide carbonique, arrêter la montée du mercure et introduire de suite le tube de délivrance de la pompe dans le bras récepteur de l'azotomètre juste en dessous de la surface du niveau de mercure, de façon que les bulles d'air qui s'échappent, s'en vont dans l'air et non pas dans le tube, pour éviter ainsi la saturation inutile de la dissolution de potasse caustique.

Quand la montée d'acide carbonique est tout près de cesser ou a cessé complètement, faire descendre le tube de délivrance dans le bras récepteur de façon que les bulles s'échappent dans l'azotomètre. Allumer le gaz en dessous de la couche de 30 centimètres d'oxyde, chauffer doucement pendant un petit moment pour chasser l'humidité qui peut être en présence et amener à la chaleur rouge. Chauffer graduellement le mélange de substance et d'oxyde en allumant bec par bec. Éviter une évolution trop rapide de bulles qui doivent s'échapper dans la proportion d'environ une par seconde ou un peu plus vite.

Quand les becs au-dessous de mélange ont été ouverts, allumer le gaz au-dessous de la couche d'oxyde à l'extrémité du tube. Quand l'évolution de gaz a cessé, fermer toutes les flammes à l'exception de celles au-dessous du cuivre métallique et la couche antérieure d'oxyde et laisser refroidir un petit moment. Aspirer par la pompe et enlever l'azotomètre avant l'arrêt de la montée du mercure. Couper la communication entre le tube et la pompe, arrêter la montée du mercure et éteindre les flammes. Laisser l'azotomètre au moins une heure au repos ou refroidir par un courant d'eau jusqu'à l'obtention d'un volume et d'une température constants.

Ajuster exactement le niveau de la dissolution d'hydroxyde de potassium dans la boule avec celui dans l'azotomètre ; noter le volume de gaz, la température et la pression barométrique ; faire le calcul de la manière usuelle ou lire les résultats aux tableaux.

F. **Méthode de Ruffle.**

(1) Préparation des réactifs

a. Dissolutions normales et indicateur sont les mêmes comme pour la méthode de Kjeldahl.

b. Un mélange à parties égales en poids de fine chaux éteinte et de thiosulfate de soude finement pulvérisé, séché à 100°.

c. Un mélange à parties égales en poids de sucre granulé finement pulvérisé et de fleur de soufre.

d. Chaux sodée granulée comme décrite pour la méthode classique.

(2) Appareils

a. Tubes de combustion en verre dur de Bohême, de la longueur de 70 centimètres et au diamètre de $1^{cm},3$.

b. Des tubes en U ou à boules de Will comme décrits pour la méthode à la chaux sodée.

(3) Détermination

Nettoyer le tube en U et y introduire 10 centimètres cubes d'acide normal.

Remplir le tube comme suit : 1° Un tampon d'amiante préalablement mis au feu et bouchant légèrement et ensuite de $2^{cm},5$ à $3^{cm},5$ du mélange au thiosulfate ; 2° la quantité pesée de la substance à analyser est intimement mélangée avec une quantité de 5 à 10 grammes du mélange de sucre et de soufre ; 3° verser sur un morceau de papier glacé ou dans un mortier en porcelaine une quantité de mélange au thiosulfate qui suffit pour remplir à peu près 25 centimètres du tube ; ajouter alors la substance à analyser préparée au préalable comme indiqué ; mélanger avec soin et verser dans le tube ; faire descendre le contenu du tube ; rincez le papier ou le mortier avec une petite quantité du mélange au thiosulfate ; ensuite remplir le tube jusqu'à 5 centimètres environ de son extrémité avec de la chaux sodée ; 4° placer un tampon d'amiante calciné au bout du tube et fermer avec un bouchon de liège ; 5° tenir le tube en position horizontale et le frapper sur la table jusqu'à ce qu'un canal à gaz se soit formé en haut tout au long du tube. Établir la communication avec le tube en U contenant l'acide ; aspirer et assurer la fermeture hermétique de l'appareil.

La combustion. — Placer le tube de combustion ainsi

préparé dans le four de façon à laisser un peu sortir l'extrémité ouverte pour ne pas brûler le bouchon. Commencer à chauffer la partie à la chaux sodée jusqu'à ce qu'elle soit bien chauffée au rouge. Ensuite ouvrir les becs l'un après l'autre vers le bout du tube, de façon que les bulles se dégagent par deux ou trois à la seconde. Quand le tube entier est chauffé au rouge et quand l'évolution de bulles a cessé et le liquide dans le tube en U commence à affluer vers le four, attacher l'aspirateur à l'autre branche du tube en U, casser l'extrémité du tube en U, faites-y passer un courant d'air pendant quelques minutes. Détacher le tube en U et laver son contenu dans un godet ou dans une coupe en porcelaine, ajouter quelques gouttes de la dissolution de cochenille et titrer.

G. **Méthode à la chaux sodée.** — (Non applicable en présence de nitrates.)

(1) Préparation des réactifs

a. **Dissolutions normales et indicateur.** — Ceux mentionnés pour la méthode de Kjeldahl *a*, *b*, et *i*, peuvent être employés.

b. **Chaux sodée.** — De l'excellente chaux sodée peut être facilement et rapidement préparée par l'addition de 2,5 parties de chaux vive à une partie en poids de soude caustique du commerce (telle qu'elle est employée dans la méthode de Kjledahl) dissoute dans une quantité d'eau suffisante pour éteindre à chaux. Le mélange est ensuite séché et chauffé dans un pot en fer jusqu'au commencement de la fusion ; ensuite on refroidit, on broie et on tamise. L'application de la méthode en exige deux degrés de granulation.

b¹. Suffisamment fine pour passer par un tamis de 2^{mm},5 et absolument sèche.

b². Suffisamment fine' pour passer par un tamis de 1^{mm},25 aussi absolument sèche ; ·

c. **Carbonate de soude et chaux, ou chaux éteinte.** — Au lieu de chaux sodée, on peut employer le mélange Johnson de carbonate de soude et de chaux ou de chaux éteinte.

La chaux éteinte peut être granulée en la mélangeant avec un peu d'eau pour former une masse épaisse que l'on sèche dans le four évaporateur jusqu'à ce qu'elle devienne sèche et friable. Ensuite on le broie et on la tamise comme décrit. La chaux éteinte est beaucoup plus facile à employer que la chaux sodée et elle donne d'excellents résultats, mais il est probable qu'il faut en user une plus grande quantité, par rapport à la substance à analyser que dans le cas d'emploi de la chaux sodée.

(2) Appareils

a. **Amiante**. — L'amiante à employer doit être calciné et conservé dans une bouteille à bouchon de verre.

b. **Tubes de combustion.** — Ceux-ci ont à peu près 40 centimètres de longueur et 12 millimètres de diamètre intérieur ; ils se terminent en pointe et ils sont fermés par un bout.

c. **Tubes en U.** — Ceux-ci sont des tubes en U avec des grosses boules et avec des robinets d'arrêt en verre, ou des tubes Will avec quatre boules.

(3) Détermination

La substance à analyser doit être finement pulvérisée pour pouvoir passer par un tamis à mailles de 1 millimètre ; selon la quantité d'azote en présence on en prélève $0^{gr},7$ ou $1^{gr},4$ pour la détermination. Introduire dans le bout fermé du tube de combustion un petit tampon mou d'amiante et sur ce tampon mettre environ 4 centimètres de chaux sodée fine. Mélanger la substance à analyser intimement mais rapidement, dans une coupe ou dans un mortier en porcelaine, avec une quantité suffisante de chaux sodée fine pour remplir environ 16 centimètres du tube, ou à peu près 40 fois autant de chaux sodée que de substance et introduire le mélange le plus rapidement possible dans le tube de combustion à l'aide d'un entonnoir large, en rinçant la coupe et l'entonnoir avec un peu plus de chaux sodée fine qu'on ajoute sur le mélange. Remplir le restant du tube jusqu'à 5 centimètres du bout avec de la chaux sodée granulée en tassant le plus possible et en frappant doucement le tube maintenu à peu près debout pendant son remplissage. La couche de chaux sodée ne doit pas avoir moins de 12 centimètres de hauteur. Finalement on introduit un tampon en amiante d'à peu près 2 centimètres de longueur et bien serré et on essuie le bout du tube pour enlever les particules adhérentes.

Établir, à l'aide d'un bouchon de caoutchouc ou de liège bien serré, la communication entre le tube avec le tube en U ou boules Will contenant 10 centimètres cubes d'acide normal et placer le tube convenablement dans une grille à gaz de façon que l'extrémité soit d'à peu près 4 centimètres du four et supporte convenablement le tube en U ou les boules Will. Chauffer au rouge modéré la partie du tube qui contient la chaux sodée granulée et quand ceci est obtenu chauffer graduellement à la partie contenant la substance de façon à maintenir un courant modéré et régulier de gaz par les boules en conservant la chaleur de la première partie jusqu'à ce que le tube tout entier soit uniformément chauffé au même degré. Maintenir la chaleur jusqu'à ce que les gaz aient cessé de barboter par les acides dans les boules et que le mélange de substance et de chaux sodée est devenu blanc ou presque blanc, ce qui indique que la combustion est terminée. La combustion doit demander à peu près trois quarts d'heure ou pas plus d'une heure. Arrêter le chauffage et quand le tube s'est refroidi en dessous du rouge enlever le bout fermé et aspirer lentement, pendant deux ou trois minutes, de l'air par l'appareil pour amener tout l'ammoniaque dans l'acide. Disjoindre, laver l'acide dans un godet ou dans une bouteille et titrer avec l'alcali normal.

Pendant la combustion, il faut maintenir le bout du tube, qui sort du four, suffisamment chaud pour empêcher la condensation de l'humidité, mais pas assez pour carboniser le bouchon. La chaleur peut être réglée par une enveloppe d'étain glissée sur le bout sortant du tube de combustion.

Il a été reconnu très avantageux d'attacher une soupape Bunsen au tube de sortie qui permet aux gaz formés de sortir librement tandis qu'elle s'oppose à la violente aspiration de retour en cas d'une condensation subite de vapeur dans les boules.

H. **Méthode à l'oxyde de magnésium**. — (Exclusivement applicable à la détermination de l'ammoniaque.)

Selon la quantité d'ammoniaque en présence on introduit de $0^{gr},7$ à $3^{gr},5$ de la substance à analyser dans une bouteille à distiller (2) *c*. avec environ 200 centimètres cubes d'eau et avec un large excès de magnésie. Ensuite on met la bouteille en communication avec un condenseur et 100 centimètres cubes du liquide sont distillés en acide normal. L'acide restant est titré comme dans la méthode de Kjeldahl, p. 172.

I. **Méthode Ulsch modifiée par Street.** — (Applicable à toutes les déterminations d'azote et d'ammoniaque.)

Mettre 1 gramme de l'échantillon dans une bouteille d'un demi litre à fond plat. Ajouter à peu près 30 centimètres cubes d'eau, 1 gramme de fer réduit, et 10 centimètres cubes d'un mélange d'acide sulfurique fort avec un volume égal d'eau ; agiter bien et laisser reposer un peu de temps. Ceci écarte le danger d'une explosion résultant de la violente réaction qui aurait autrement lieu. Fermer le goulot de la bouteille par un bouchon en caoutchouc par lequel passe une burette remplie d'eau. Placer la bouteille ainsi bouchée sur une plaque exposée à une chaleur modérée. Chauffer la dissolution lentement, laisser bouillir pendant cinq minutes et refroidir. Y ajouter environ 100 centimètres cubes d'eau, un peu de paraffine et de 7 à 10 grammes d'oxyde de magnésium. On relie ensuite la bouteille à un condenseur comme on les emploie dans la méthode de Kjeldahl et on fait bouillir pendant quarante minutes en recueillant l'ammoniaque dans une quantité connu d'acide normal. Quand on emploie de la magnésie, il faut s'assurer qu'elle soit fortement en excès et il faut quarante minutes pour la distillation complète de l'ammoniaque. Les contenus des récepteurs sont titrés comme dans la méthode de Kjeldahl, p. 172.

J. **Méthode à l'oxyde de zinc.** — (Applicable à la détermination d'azote nitrique et aux déterminations d'azote ammoniacal.)

10 grammes de l'échantillon sont dissous dans 500 centimètres cubes d'eau. 25 centimètres cubes de cette dissolution, correspondant à un demi-gramme sont introduits dans une bouteille de distillation de la capacité d'environ 400 centimètres cubes, on y ajoute 120 centimètres cubes d'eau, à peu près 5 grammes de poudre de zinc bien lavée

et séchée et un poids égal de fer réduit. On ajoute à la dissolution 80 centimètres cubes d'hydrate de soude de 32° Bé. La bouteille est alors mise en communication avec l'appareil de condensation et on procède à la distillation simultanément avec la réduction, l'ammoniaque étant recueilli dans l'acide soigneusement titré. On fait durer la distillation une ou deux heures, ou jusqu'à la distillation de 100 centimètres cubes. Le distillat qui en résulte est titré comme dans la méthode de Kjeldahl, p. 122.

5° DÉTERMINATION DE LA POTASSE

A. **Méthode Lindo-Gladding**. — (1) PRÉPARATION DES RÉACTIFS. — a. *Dissolution de chlorhydrate d'ammoniaque*. — On dissout 100 grammes de chlorhydrate d'ammoniaque dans 500 centimètres cubes d'eau, on ajoute de 5 à 10 grammes de chloroplatinate de potasse pulvérisé et l'on agite par intervalles durant six ou huit heures. On laisse reposer le mélange pendant une nuit et on filtre, le résidu est alors prêt pour la préparation d'une nouvelle dose si cela est nécessaire.

b. *Dissolution de platine*. — La dissolution de platine employée contient 1 gramme de platine métallique ($2^{gr}, 1$ de $H^2 Pt Cl^6$) par 10 centimètres cubes.

(2) PRÉPARATION DE LA DISSOLUTION. — (*a*) Avec des sels de potasse et des engrais mélangés on fait bouillir pendant trente minutes 10 grammes de l'échantillon dans 300 centimètres cubes d'eau. A l'exception du cas d'emploi de chlorure de potassium, on ajoute à la dissolution chaude un léger excès d'ammoniaque et ensuite une quantité suffisante d'oxalate d'ammoniaque pour précipiter toute la chaux en présence. On refroidit alors la dissolution diluée à 500 centimètres cubes et bien mélan-

gée et on filtre sur un filtre sec. Dans le cas d'emploi de chlorhydrate de potasse, on dilue la dissolution à 500 centimètres cubes sans l'addition d'ammoniaque et d'oxalate d'ammoniaque.

(b) *Avec des combinaisons organiques*. — Dans le cas d'analyse d'engrais supposés contenir des combinaisons organiques tels que tiges de tabac, cosses de graines de coton, etc., on sature 10 grammes avec de l'acide sulfurique fort et on calcine dans un moufle à une basse température rouge pour détruire les corps organiques. On ajoute un peu d'acide chlorhydrique fort et on chauffe légèrement pour détacher la masse du godet et on procède comme il est indiqué sous (2).

(3) DÉTERMINATION. — a. *Dans des engrais mélangés*. — Évaporer à peu près à dessiccation 50 centimètres cubes de la dissolution préparée comme sous (2) et correspondant à 1 gramme de l'échantillon, ajouter 1 centimètre cube d'acide sulfurique dilué (1 à 1), évaporer à la dessiccation et calciner à blanc. Puisque toute la potasse forme du sulfate on n'appréhende aucune perte de potasse par la volatilisation et il faut maintenir une bonne chaleur rouge jusqu'à ce que le résidu soit parfaitement blanc. Ce résidu est dissout dans l'eau chaude additionnée de quelques gouttes d'acide chlorhydrique et on dilue au point que la dissolution de chlorure de platine, que l'on ajoute alors, ne cause aucune précipitation immédiate. On évapore alors la dissolution à la consistance pâteuse, épaisse dans un petit godet et on ajoute 80 p. 100 d'alcool (poids spécifique 0,8645). Pendant l'évaporation il faut prendre des précautions pour empêcher l'absorption d'ammoniaque. On lave bien le précipité avec de l'alcool par décantation et par filtration comme d'habitude. Il faut continuer le lavage

même quand la substance filtrée est devenue incolore.

On fait alors passer 10 centimètres cubes de la dissolution de chlorure d'ammonium, (1) (*a*), par le filtré ou on finit le lavage dans le godet. Les 10 centimètres cubes contiendront le dépôt d'impuretés et sont enlevés. Cinq ou six portions, chacune de 10 centimètres cubes de la dissolution de chlorure d'ammonium sont alors passées par le filtre. Ensuite on lave le filtre complètement avec de l'alcool à 80 p. 100 (poids spécifique 0,8646), on le sèche et on le pèse comme d'habitude. Il faut observer que le précipité doit être entièrement soluble dans l'eau.

b. *Dans le chlorhydrate de potasse*. — A 25 centimètres cubes de la dissolution préparée comme sous (2) et correspondant à $0^{gr},5$ de l'échantillon, on ajoute 1 centimètre cube d'acide sulfurique dilué (1 : 1), on évapore à la dessiccation et on calcine au blanc, on dissout le résidu dans l'eau avec quelques gouttes d'acide chlorhydrique et l'on ajoute 15 centimètres cubes de la dissolution de platine. Dans l'analyse de sulfates à forte dose ou de sels d'engrais doubles (sulfates de potasse et de magnésie contenant environ 27 p. 100 d'oxyde de potassium) on prépare la dissolution comme ci-dessus mais on supprime la précipitation, l'évaporation, etc., on dilue ensuite une partie équivalente à $0^{gr},5$ de la substance de façon telle qu'à l'addition du chlorure de platine la précipitation n'a pas lieu immédiatement, et l'on ajoute 15 centimètres cubes de la dissolution de bichlorure de platine. On procède alors à l'évaporation, à la digestion, etc., comme sous (*a*). Dans tous les cas, il faut avoir un soin particulier pendant le lavage à l'alcool pour enlever tout le chloroplatinate de soude qui peut être présent.

Le lavage devra être continué un peu de temps quand le produit filtré est devenu incolore.

On fait passer plusieurs portions de la dissolution de chlorhydrate d'ammoniaque, chacune de 25 centimètres cubes, par le filtre pour enlever tous les sulfates et chlorures, finalement on lave à l'alcool de 80° (poids spécifique 0,8645), on sèche et on pèse comme d'habitude.

B. MÉTHODE ADOPTÉE

(1) PRÉPARATION DU RÉACTIF

Dissolution de platine. — La dissolution de platine employée est la même comme celle décrite sous la méthode de Lindo-Gladding (p. 22).

(2) PRÉPARATION DE LA DISSOLUTION

La dissolution est préparée dans tous les cas comme celle décrite pour la méthode Lindo-Gladding (p. 22).

(3) DÉTERMINATION

Diluer 25 centimètres cubes de la dissolution préparée comme prescrit sous (2) (50 centimètres cubes dans le cas où moins de 10 p. 100 d'oxyde de potassium sont en présence) jusqu'à 150 centimètres cubes, chauffer à 100° C. et ajouter, goutte par goutte avec agitation constante, un léger excès de chlorure de baryum. Sans filtrer, ajouter de la même manière un léger excès d'hydrate de baryum, filtrer à chaud et laver jusqu'à ce que le précipité soit exempt de chlorures.

Ajouter au produit filtré 1 centimètre cube d'hydrate d'ammoniaque fort et ensuite une dissolution saturée de carbonate d'ammoniaque pour précipiter l'excès de baryte. Chauffer et ajouter une poudre fine de $0^{gr},5$ d'acide oxalique pur ou de $0^{gr},75$ d'oxalate d'ammoniaque, filtrer et laver pour enlever les chlorures, évaporer le produit filtré à dessiccation dans un godet de platine et calciner soigneusement sur la flamme libre au-dessous de la chaleur rouge jusqu'à ce que toute substance volatile soit partie.

On digère le résidu avec de l'eau chaude, on filtre par un petit filtre et on dilue le produit filtré de façon qu'à l'addition d'un léger excès de dissolution de bichlorure de platine la précipitation n'a pas lieu immédiatement. On acidifie avec quelques gouttes d'acide chlorhydrique dans une coupe en porcelaine et l'on ajoute de 5 à 10 centimètres cubes de la dissolution de bichlorure de platine. On évapore le mélange au bain-marie en une liqueur épaisse, comme ci-dessus, on la traite à l'alcool à 80°, on la lave par décantation, on recueille dans un creuset Gooch ou dans tout autre filtre, on lave à l'alcool à 80° (poids spécifique 0,8645), on sèche pendant trente minutes à la température de 100° C. et on pèse.

Quand le sel double semble contenir des substances étrangères, il paraît désirable de le laver, comme dans la méthode précédente, avec plusieurs portions, chacune de 10 centimètres cubes de la dissolution de chlorhydrate d'ammoniaque.

C. **Coefficients**. — On continue à employer les coefficients 0,3056 pour convertir le chloroplatinate de potasse en chlorure de potassium, et 0,19308 pour le convertir en oxyde de potassium.

REMARQUE

Les méthodes (*i*) et (*j*) ne sont pas officielles, mais l'Association a ordonné leur impression immédiatement après les méthodes officielles dans l'intention de les faire étudier ultérieurement et de les présenter pour l'adoption à la prochaine réunion de l'association.

VI

ITALIE

ANALYSE DES ENGRAIS

MÉTHODES OFFICIELLES ITALIENNES

(RÉSUMÉ RÉDIGÉ PAR M. LE PROFESSEUR MENOZZI)

A. — DOSAGE DE L'HUMIDITÉ

On pèse 5 grammes de matière qu'on porte à la température de 100° dans une étuve de Gay-Lussac pendant quatre heures. Pour la dessiccation, on donne la préférence à des flacons cylindriques de verre, bouchés à l'émeri.

Si la réaction de l'engrais est alcaline ou acide, de façon qu'il y a à craindre des pertes en ammoniaque ou en acides volatiles, il faut adopter les dispositions nécessaires pour déterminer la quantité d'ammoniaque, ou respectivement neutraliser les acides qui peuvent se volatiliser.

B. — DOSAGE DE L'AZOTE

a. — AZOTE AMMONIACAL

En absence d'azote organique, on broie 20 ou 50 grammes d'engrais dans un mortier avec de l'eau (acidulée avec acide chlorhydrique si la réaction est alcaline), on laisse déposer, on décante sur un filtre placé sur un ballon jaugé de un litre. On ajoute encore de l'eau, on recommence la trituration et la décantation. On jette ensuite le résidu, s'il y en a sur le filtre, on lave encore et on porte la liqueur filtrée à un litre. De cette solution on prélève, pour la distillation de l'ammoniaque, un volume correspondant de 1 à 5 grammes d'engrais selon la richesse.

La distillation de l'ammoniaque se fait avec l'appareil de Boussingault ou avec celui de Schlösing modifiés de manière à les rendre plus commodes. L'ammoniaque est reçu dans une solution normale, demi-normale ou décinormale d'acide sulfurique, selon la richesse de l'engrais et la quantité de solution employée.

Dans un grand matras d'Erlenmeyer (750-1000 centimètres cubes de capacité) ou dans un ballon ; on verse la liqueur à distiller, on porte avec de l'eau le volume à 250 centimètres cubes environ, on agite, on fait tomber quelques petits morceaux de zinc. On bouche le ballon ou le matras, on met tout près pour distiller, on laisse tomber par l'entonnoir à robinet de la solution de soude caustique ($d = 1,3$ ou 27 p. 100 Na OH), jusqu'à réaction alcaline, avec un excès suffisant. On distille jusqu'à réaction neutre.

En présence d'azote organique dans l'engrais à réaction acide, on procède comme ci-dessus, seulement qu'au lieu de la soude on emploie de la magnésie fraîchement calcinée (exempt de soude caustique et d'autres alcalis), délayée dans 100 centimètres cubes d'eau environ et en quantité suffisante pour saturer l'acidité libre et pour avoir un excès de 2 à 3 grammes.

Si l'engrais a une réaction neutre ou alcaline, on ajoute dans le mortier, après le délayement avec l'eau, et en agitant, de l'acide chlorhydrique (à 1 : 5) jusqu'à réaction sensiblement acide. On décante sur un filtre dans un ballon d'un litre et on procède comme auparavant.

b. — Azote nitrique

On emploie la méthode rapide de Schlösing ou celle de Schulze et Tiemann.

Dans l'un et dans l'autre cas, pour faire l'échantillon à essayer, on prend $16^{gr},5$ d'engrais s'il est question de nitrate de soude, 20 grammes pour le nitrate de potasse et $16^{gr},5$ à 20 grammes pour les engrais complexes. On met les nitrates purs directement dans un ballon jaugé de 1 litre, on ajoute de l'eau, on agite jusqu'à solution complète et on porte au volume. Pour les engrais complexes, on les broie d'abord dans un mortier avec de l'eau, on décante sur un filtre dans le ballon, on lave le mortier, on complète le volume de 1 litre, ensuite on opère avec l'une des deux méthodes de Schlösing ou de Schulze et Tiemann.

Dans la méthode de Schlösing on emploie 40 centimètres cubes de chlorure ferreux et 30 centimètres cubes d'acide chlorhydrique de densité 1,1 (20 p. 100). On recueille le bioxyde d'azote sur l'eau. On fait deux opérations, l'une avec 20 centimètres cubes de solution normale de nitrate de soude ou de potasse (solution préparée en dissolvant $16^{gr},5$ de nitrate de soude, ou 20 grammes de nitrate de potasse, très purs et séchés, dans un litre d'eau distillée) et une avec 20 centimètres cubes de la solution de la prise d'essai.

Dans la méthode de Schulze et Thiemann, on emploie aussi 20 centimètres cubes de solution normale et 20 centimètres cubes de la solution de la prise d'essai, 15 à 20 centimètres cubes de chlorure ferreux et 10 centimètres cubes d'acide chlorhydrique de 1,1 de densité. On recueille le bioxyde d'azote sur la soude caustique à 10 p. 100.

Si l'on doit faire plusieurs dosages, on fera une dernière opération avec la solution normale.

Le bioxyde d'azote obtenu avec la solution normale et celui obtenu avec l'engrais doivent être mesurés dans le même bain, dans les mêmes conditions de température et de pression.

On tâchera d'avoir dans les deux essais à peu près le même volume de bioxyde.

Si l'engrais est trop pauvre, au lieu de 20 centimètres cubes de solution, on en emploie 40 ou plus encore.

Si les engrais contiennent des carbonates solubles, et si l'on emploie la méthode de Schlösing, le délayement dans le mortier doit se faire avec de l'eau acidulée avec HCl jusqu'à réaction sensiblement acide.

Si l'on a employé des quantités égales d'engrais et de nitrates, le tant p. 100 d'azote x sera donné directement par la formule suivante :

$$x = \frac{100\,a\,b}{c}$$

où, a représente le nombre de centimètres cubes de bioxyde d'azote obtenus dans l'engrais ;

b, le coefficient pour réduire en azote le nitrate (0,1647 pour le nitrate de soude, 0,13847 pour le nitrate de potasse).

c. — AZOTE ORGANIQUE

On opère diversement selon que l'azote organique est ou non la seule forme de combinaison de l'azote qu'il y a dans l'engrais.

Dans le cas où il y a seulement de l'azote organique, on emploie la méthode de Kjeldahl en opérant de la manière suivante : On verse 1 à 5 grammes d'engrais dans un ballon à col long et étroit, de la capacité de 200 à 300 centimètres cubes, on ajoute 30 à 50 centimètres cubes d'acide sulfurique concentré et avec une pipette jaugée, 0^{gr}, 7 à 2 grammes de mercure métallique. On agite lentement, on couvre le petit ballon, on le place penché sur une toile métallique et on le chauffe d'abord doucement, puis fortement jusqu'à obtenir une liqueur parfaitement limpide de couleur jaune paille ou rouge pâle. En quelques cas, il faut compléter l'oxydation avec le permanganate de potasse. Au liquide chaud, on ajoute alors lentement, en agitant, du permanganate en poudre fine jusqu'à coloration verte ou pourpre du liquide. On laisse refroidir, on ajoute de l'eau, on verse la solution dans le ballon à distillation, on ajoute quelque morceau de zinc, et par l'entonnoir à robinet, on laisse tomber un excès de solution de soude caustique (densité $1,3 = 27$ p. 100 NaOH), il en suffit 40 centimètres cubes environ pour 10 centimètres cubes d'acide employé ; et après, de la solution de sulfure de soude (250 grammes de sulfure de soude cristallisé par litre), en raison de 40 centimètres cubes à peu près pour chaque gramme de mercure employé. On lave l'entonnoir, on ajoute de l'eau jusqu'à avoir dans le ballon 300 à 350 centimètres cubes de liquide. On procède ensuite comme dans le cas de l'azote ammoniacal.

Si avec l'azote organique il y a dans l'engrais de l'azote ammoniacal, on dose ensemble les deux formes avec la méthode qu'on vient de décrire, et séparément l'azote ammoniacal comme on a dit. Par différence on a l'azote organique.

S'il y a de l'azote organique en présence d'azote nitrique, on prend 2 grammes d'engrais à essayer, on les verse dans un petit ballon à col long et étroit, on ajoute 10 centimètres cubes de chlorure ferreux et 10 centimètres cubes de HCl ($d = 1,1$). On place le ballon fortement penché, on porte rapidement à l'ébullition qu'on maintient jusqu'à ce que les vapeurs nitreuses soient complètement chassées. On évapore à siccité et on procède sur le résidu comme ci-dessus, pour l'azote organique seul.

d. — Azote total

Si l'engrais contient une seule forme de combinaison de l'azote, le dosage se fait avec les méthodes qu'on vient de décrire. S'il y a seulement de l'azote organique avec de l'azote ammoniacal, on suivra la méthode de Kjeldahl. S'il y a de l'azote organique ou ammoniacal mêlé avec de l'azote nitrique ou toutes ces trois formes de combinaisons ensemble, on suivra la méthode suivante :

On verse 1 gramme d'engrais dans un ballon à col étroit et long de la capacité de 300 centimètres cubes, on ajoute en refroidissant avec un courant d'eau, 25-30 centimètres cubes d'acide phénosulfurique (40 grammes de phénol cristallisé dissous dans un litre d'acide sulfurique pur concentré). On agite avec précaution jusqu'à relation complète. On laisse au repos pendant un quart d'heure ou une demi-heure, puis on ajoute lentement et en refroidissant avec un courant d'eau, 2-3 grammes de poudre de zinc en agitant de temps en temps. Cette opération dure deux heures environ. On ajoute ensuite $0^{gr},5$-1 de mercure métallique, on agite, on essuie le ballon, on le couvre, on le chauffe penché avec une petite flamme lumineuse. Lorsque la liqueur est devenue noire, on élève lentement la température, en ayant soin que le dégagement de l'anhydride sulfureux ne soit pas trop vif. Enfin on élève toute la flamme jusqu'à ce que le liquide soit devenu limpide et incolore ou coloré faiblement en rouge. On laisse refroidir et on procède comme auparavant.

Comme contrôle, on emploiera la méthode de Dumas, ou bien on dosera dans une partie l'azote nitrique avec la méthode de Schlösing ou de Schulze et Tiemann, dans l'autre l'azote organique et ammoniacale avec la méthode de Kjeldahl après avoir chassé l'acide nitrique par le chlorure ferreux.

C. — DOSAGE DE L'ACIDE PHOSPHORIQUE

a. — ACIDE PHOSPHORIQUE SOLUBLE DANS L'EAU

On place 5 grammes d'engrais dans un mortier de verre, on ajoute 20 centimètres cubes d'eau, on mêle avec le pilon rapidement et très légèrement de manière que la séparation des petits morceaux qui forment la partie poudreuse soit complète, mais que les morceaux grossiers et durs ne soient pas pulvérisés. On décante sur un filtre sans plis baigné et placé sur un ballon jaugé de 250 centimètres cubes. On ajoute encore de l'eau dans le mortier, on recommence le malaxage, on décante, on ajoute de nouveau de l'eau, on mêle encore, on jette avec une pissette tout le résidu sur le filtre, on lave rapidement avec de l'eau jusqu'à compléter 250 centimètres cubes et, on agite plusieurs fois la liqueur du ballon.

Si l'on observe que les premières parties de la solution sont troublées par les suivantes, il faut alors, avant de parfaire le volume de 250 centimètres cubes, redissoudre ce précipité par une addition de quelques gouttes d'acide nitrique.

On prend 50 centimètres cubes de cette solution, on les verse dans une capsule de porcelaine, qu'on évapore à sec et qu'on chauffe à 170° environ, on humecte le résidu avec 10 centimètres cubes d'acide nitrique de 1, 2 de densité, on ajoute un peu d'eau, on filtre dans un verre à précipitation, on lave avec soin ; à la liqueur filtrée portée, s'il le faut, à 50 centimètres cubes, on ajoute 10 centimètres cubes de solution de nitrate d'ammoniaque (750 grammes dans 1 000 centimètres cubes) et 50 centimètres cubes de liqueur molybdique pour chaque décigramme d'acide phosphorique. On chauffe à 80-90° pendant une heure, on s'assure que la précipitation est complète, on décante la liqueur limpide surnageante sur un filtre sans plis, on lave par décantation avec une solution étendue de nitrate d'ammoniaque (150 grammes de nitrate d'ammoniaque et 10 centimètres cubes de $HAzO^3$, de 1, 2 densité sont portés à 1 litre avec de l'eau), jusqu'à ce que quelques gouttes du liquide filtré ne se troublent pas par une solution alcoolique d'acide sulfurique.

On place le verre sous l'entonnoir, on perce le filtre, on lave plusieurs fois et avec soin avec de l'ammoniaque à 5 p. 100, jusqu'à obtenir un volume de 75 centimètres cubes. On agite, on laisse tomber goutte à goutte, en agitant, 20 centimètres cubes (10 centimètres cubes pour chaque décigramme) de la mixture magnésienne.

On couvre, on laisse quatre heures en repos, on filtre sur un filtre à cendres connues, on porte le précipité sur le filtre, on lave soigneusement avec de l'ammoniaque, (1 à 3) jusqu'à ce que quelques gouttes du filtrat ne se troublent pas dans une solution de nitrate d'argent.

On sèche filtre et précipité, on brûle le filtre sur le fil de platine, on calcine précipité et cendres du filtre dans le creuset, d'abord à la flammen de Bunsen, puis au chalumeau, et on pèse. Le pyrophosphate multiplié par 0,6396 donne directement la quantité d'anhydride phosphorique.

b. — ACIDE PHOSPHORIQUE SOLUBLE
DANS LE NITRATE

On mesure 200 centimètres cubes de citrate d'ammoniaque qu'on verse dans une pissette. On met après 5 grammes de substance dans un petit mortier de verre

avec 20 centimètres cubes d'eau, on malaxe avec le pilon
doucement de manière à séparer complètement les petits
morceaux de la partie poudreuse mais sans broyer trop
les grumeaux durs et grossiers, on neutralise l'acidité
avec de la soude ou de la potasse normale ou presque
normale en se servant comme indicateur du papier de
tournesol. On lave le papier avec la solution de citrate
d'ammoniaque, contenue dans la pissette. Après on verse
toute la matière dans un ballon de 750 centimètres cubes,
on lave avec le citrate d'ammoniaque, ou ajoute le reste
du citrate de la pissette et on remplit avec de l'eau jusqu'au trait. On agite souvent le ballon on le chauffe à
35-40° pendant une heure en agitant de temps en temps,
on fait refroidir et on filtre. À 50 centimètres cubes du
liquide filtré on ajoute 100 centimètres cubes d'eau, 50 centimètres cubes d'ammoniaque et 50 centimètres cubes de
mixture magnésienne. On agite vivement sans toucher les
parois du verre, on laisse reposer douze heures, on filtre
sur un filtre à cendres connues, on porte le précipité sur
le filtre, on lave soigneusement le verre et ensuite le
précipité avec de l'eau ammoniacale (1 à 3), jusqu'à ce
que quelques gouttes du filtrat ne troublent pas une
solution de nitrate d'argent. On sèche, on calcine et on
pèse.

Si l'aspect du précipité laisse des doutes sur le dosage,
il convient de redissoudre et de le précipiter de nouveau.
On peut enfin redissoudre le précipité sur le filtre avec
une quantité suffisante d'acide nitrique très pur, évaporer
avec la solution dans une capsule de platine pesée et
enfin enlever et peser.

Lorsque la matière dans l'essai se comporte différem-
ment des engrais ordinaires, il convient de répéter le
dosage avec la méthode de molybdique qui sera toujours
la méthode normale de contrôle.

C. — ACIDE PHOSPHORIQUE TOTAL

On calcine 5 grammes d'engrais (après un traitement avec de la chaux si la matière organique est peu abondante) jusqu'à destruction de la matière organique, on ajoute au résidu 20 centimètres cubes d'acide chlorhydrique fumant, on fait digérer pendant une heure au bain-marie et l'on évapore à sec. On humecte le résidu avec 5 centimètres cubes de HCl, on ajoute de l'eau, on filtre, on lave. On porte de nouveau le filtrat à rectifier, on ajoute au résidu 20 centimètres cubes de $HAzO^3$ de 1,7 de densité, on évapore encore à sec et on ajoute 20 centimètres cubes de $HAzO^3$ de la même densité, on répète cette opération avec 10 centimètres cubes $HAzO^3$ et on reprend enfin le résidu avec 10 centimètres cubes de $HAzO^3$ et avec de l'eau, on verse la solution dans un ballon de 750 centimètres cubes, on porte avec de l'eau jusqu'au trait et on agite. On prélève 20 ou 50 centimètres selon la richesse du phosphate (on porte s'il le faut à 50 centimètres cubes) on verse dans un verre à précipitation et on ajoute le nitrate d'ammoniaque et on précipite avec la liqueur molybdique.

D. — DOSAGE DE FER ET DE L'ALUMINE

On peut suivre l'une des deux méthodes suivantes :

1° On sépare, avec les précautions qu'on vient de dire, l'acide phosphorique dans la prise d'essais avec la liqueur molybdique. Au liquide filtré du précipité de phosphomolybdate réuni aux eaux de lavage (concentrées s'il le faut) placé dans un ballon d'Erlenmeyer on ajoute du sulfhydrate d'ammoniaque en excès suffisant, on remplit avec de l'eau le ballon, on ferme avec le bouchon, et on laisse digérer dans un endroit chaud, lorsque la solution n'est plus verte mais jaune rougeâtre. On lave plusieurs fois le précipité par décantation avec de l'eau contenant un peu de sulfhydrate et ayant soin de faire tomber le liquide décanté dans un ballon. Après on filtre le liquide de décantation et on verse aussi sur le filtre le précipité. On lave avec de l'eau contenant un peu de chlorure et de sulfhydrate d'ammoniaque. Après le lavage on verse le précipité avec le filtre dans un verre à précipitation on ajoute de l'eau et de l'acide chlorhydrique jusqu'à solution complète. On chauffe à l'ébullition jusqu'à ce que l'odeur de l'acide sulfhydrique ait disparu, on filtre dans un ballon d'Erlenmeyer, on lave avec soin, on ajoute de l'acide nitrique, on chauffe, on précipite avec l'ammoniaque, on porte encore à l'ébullition, on filtre par décantation sur un filtre à cendres connues, on lave le précipité d'abord dans le ballon puis sur le filtre, on sèche, on calcine à la flamme de Bunsen ensuite, pendant quinze minutes au chalumeau et on pèse.

2° Cette méthode donne des résultats très sûrs et est surtout préférable lorsqu'on doit doser aussi l'acide phosphorique. Par la méthode suivante on sépare d'abord l'acide phosphorique comme phosphate ammoniaco-magnésien, en tenant en solution le fer, l'allumine par le citrate d'ammoniaque. On met 5 grammes d'engrais dans un ballon d'Erlenmeyer avec 50 centimètres cubes de HCl, on fait bouillir pendant un quart d'heure au bain de sable et on verse dans une capsule de porcelaine. On lave, on porte le tout à sec sur un bain de sable, on humecte le résidu avec 20 centimètres cubes d'acide chlorhydrique et 20 centimètres cubes d'eau, on échauffe encore pendant quelques minutes, on lave d'abord par décantation ensuite sur un filtre sans plis et on porte le filtrat à 250 centimètres cubes. On agite, on prélève 50 centimètres cubes, on ajoute lentement de l'ammoniaque jusqu'à ce que le liquide se trouble, et ensuite tout doucement et en agitant de l'acide nitrique à 75 p. 100

jusqu'à disparition du trouble, et puis de l'ammoniaque.
On répète l'addition d'acide nitrique et d'ammoniaque
jusqu'à ce qu'on n'ait plus de trouble. On ajoute alors
20 centimètres cubes d'ammoniaque de 0,92 de densité
et 50 centimètres cubes de la mixture magnésienne. On
agite vivement, on laisse reposer douze heures au moins,
on filtre et on lave.

On porte le filtrat à sec, on calcine au rouge sombre
pour détruire la matière organique et chasser les sels
ammoniacaux, on reprend avec HCl, on fait bouillir, on
filtre, on lave, on précipite par un excès d'ammoniaque,
on porte à l'ébullition pendant quelques minutes, on filtre
sur un filtre à cendres connues lavant d'abord par décantation puis sur le filtre. On sèche, on calcine et l'on pèse.
On a les oxydes de fer et d'alumine.

E. — DOSAGE DE LA POTASSE

a. — POTASSE SOLUBLE DANS L'EAU

On verse 10 grammes d'engrais dans un verre à précipitation, on ajoute 200 centimètres cubes environ d'eau,
on fait bouillir pendant un quart d'heure, on filtre, on lave,
on porte après refroidissement le filtrat à 500 centimètres
cubes. On agite, on prélève 50 centimètres cubes qu'on
verse dans un ballon d'Erlenmeyer, on ajoute encore
10 centimètres cubes d'acide chlorhydrique concentré, on
porte à sec au bain de sable, on ajoute encore 10 centimètres cubes de HCl, on porte à sec de nouveau, on verse
50 centimètres cubes d'eau, et on fait bouillir encore. On
ajoute après, lentement et en agitant, une solution de baryte jusqu'à précipitation complète, on fait bouillir, on filtre,
on lave, on porte le filtrat à sec dans une capsule de platine ou de porcelaine, on calcine au rouge faible, on sépare
avec ammoniaque et carbonate d'ammoniaque les dernières

traces de baryte, on filtre et on porte encore à sec le
filtrat, on calcine, on reprend avec de l'eau, on évapore
à 15 centimètres cubes environ, en ajoute du bichlorure de
platine en excès suffisant. On porte à sec, on ajoute de
l'alcool à 80°, on agite, on laisse une heure en repos, on
filtre sur un filtre séché et pesé auparavant, on lave avec
de l'alcool à 80°, on sèche à 100° et on pèse. On multiplie
le chloroplatinate de potasse par $0^{gr},15307$ pour avoir de
l'oxyde de potassium.

Comme contrôle on peut déduire la potasse du poids de
platine métallique; dans ce cas on fait la filtration avec un
filtre d'amiante, séché et pesé d'abord, on transforme
ensuite le chloroplatinate en platine métallique, en réduisant le chlorure dans un courant d'hydrogène en sépa-
rant le chlorure de potassium par des lavages à l'eau.
On passe à l'oxyde de potassium en multipliant le poids
de platine pour 0,478.

b. — POTASSE TOTALE

On calcinera 6 grammes d'engrais dans une capsule de
platine, on favorise l'incinération par des lessivages à
l'eau. On verse les eaux des lessivages et les cendres
dans un ballon d'Erlenmeyer, on ajoute 20 centimètres
cubes d'acide chlorhydrique de 1,1 de densité, on fait
bouillir et on évapore presque à sec. On reprend avec de
l'eau et on précipite avec la baryte comme ci-dessus.

F. — PRÉPARATION DES LIQUEURS

a. — LIQUEUR MOLYBDIQUE

On dissout une partie d'acide molybdique dans 4 parties
de solution ammoniacale de 8 p. 100, et on verse la solution dans 15 parties d'acide nitrique de 1,2 de densité, ou

bien on dissout 150 grammes de molybdate d'ammoniaque pulvérisé dans un litre d'eau et on verse la solution dans 1 litre de $HAzO^3$ de 1,2 de densité.

Dans l'un et dans l'autre cas, on laisse en repos quelques jours dans un endroit chaud, on décante s'il le faut et l'on conserve dans l'obscurité.

b. — CITRATE D'AMMONIAQUE

On neutralise dans un verre refroidi, 400 grammes d'acide citrique cristallisé recouvert au préalable d'eau distillée, par une quantité d'ammoniaque de 0,92 suffisante pour avoir la réaction parfaitement neutre. On porte ensuite le volume à 1 litre avec de l'eau.

c. — MIXTURE MAGNÉSIENNE

On prend 110 grammes de chlorure de magnésium, 140 de chlorhydrate d'ammoniaque, 700 centimètres cubes d'ammoniaque, et 1 300 centimètres cubes d'eau.

ANNEXE

MÉTHODES RAPIDES

Dans ces dernières années et dans quelques laboratoires, on a modifié les méthodes d'analyse, en corrigeant quelques défauts, que présentent les méthodes officielles et en obtenant avec un travail plus simple et plus rapide des résultats plus exacts. Les nouvelles méthodes qui ont été étudiées et comparées avec les officielles sont suivies toutes les fois qu'on ne demande pas l'application stricte des méthodes officielles.

Dans le laboratoire de Chimie agricole de l'École supérieure d'Agriculture de Milan, on suit les méthodes qu'on a brièvement indiquées ci-dessous.

DOSAGE DE L'AZOTE

Pour l'azote ammoniacal on délaye avec de l'eau une certaine quantité d'engrais dans un mortier, on décante dans un ballon jaugé, on porte à volume connu, on distille une partie avec de la potasse ou de la soude caustique en recueillant l'ammoniaque dans un acide titré. Pour l'azote organique, on donne la préférence à la méthode Kjeldahl-Ulsch, c'est-à-dire, on traite la substance dans un ballon à col long avec **20** centimètres cubes d'acide phospho-sulfurique (**125** grammes d'anhydride phosphorique dans un litre d'acide sulfurique concentré), 2 à 3 gouttes de solution de $PtCl^4$ au dixième et $0^{gr},2$ à $0^{gr},3$ d'oxyde de cuivre; on chauffe d'abord à petite flamme, puis à l'ébullition jusqu'à ce que le liquide soit devenu limpide et vert. Après refroidissement on verse dans l'appareil à distillation et l'on procède comme auparavant. Pour l'azote nitrique on suit la méthode de Schulze-Tiemann en opérant par comparaison avec des solutions de nitrates purs ou par différence avec deux déterminations différentes de la même solution de l'engrais. Pour l'azote total, selon les formes de combinaison de l'azote, on suit la méthode Kjeldahl-Ulsch, Kjeldahl-Jodlbauer ou bien la méthode de Dumas qui est aussi la méthode de contrôle.

Pour la méthode Kjeldahl-Jodlbauer, on place la matière dans un ballon approprié avec 20 centimètres cubes d'acide phénosulfurique (40 grammes de phénol dans 1 litre d'acide sulfurique concentré) en agitant; après cinq minutes on ajoute lentement et à plusieurs reprises 2 à 3 grammes de poudre de zinc, on chauffe à petite flamme pendant dix minutes, on laisse refroidir, puis on ajoute 5 centimètres cubes d'acide phosphosulfurique, un peu de CuO et $PtCl^4$ et on combinera comme dans la modification Ulsch.

ACIDE PHOSPHORIQUE

Pour l'acide phosphorique soluble dans l'eau et dans le citrate, on suit la méthode suivante, proposée par M. Appiani :

On prend 5 grammes de l'échantillon et on les broie dans un petit mortier ou dans une capsule de porcelaine avec 40 à 50 centimètres cubes d'eau jusqu'à écrasement de tous les grumeaux; on malaxe avec le pilon, on laisse reposer quelques instants et on décante sur un filtre placé sur un ballon jaugé de 250 centimètres cubes. On recommence trois ou quatre fois la même opération en ayant soin que la digestion avec l'eau ne se prolonge que quelques minutes et le filtre soit toujours vide avant de le remplir à nouveau. On jette ensuite le tout sur celui-ci et on continue à laver jusqu'à ce que le volume de 250 centimètres cubes soit presque atteint. On redissout le précipité qui peut se former par une addition de quelques gouttes d'acide chlorhydrique ou nitrique et l'on complète jusqu'au trait de jauge. Dans 50 centimètres cubes de solution, on dose l'acide phosphorique par la méthode citro-magnésienne. On y ajoute 20 centimètres cubes de citrate d'ammoniaque (solution officielle), 50 centimètres cubes d'eau et 50 centimètres cubes d'ammoniaque 0,92 et 50 centimètres cubes de mixture magnésienne.

Après cinq ou six heures de repos ou une demi-heure d'agitation mécanique, on recueille le phosphate ammoniaco-magnésien sur un filtre, on lave à l'eau ammoniacale, on sèche, on calcine et on pèse. Pour l'acide phosphorique soluble dans le citrate, on pèse 5 grammes de matière qu'on soumet à un lavage à l'eau comme il vient d'être décrit. Le résidu avec le filtre est jeté dans un ballon jaugé de 250 centimètres cubes, on y introduit 100 centimètres cubes de citrate d'ammoniaque (citrate officiel italien), on fait digérer pendant une heure de 35 à 40° en agitant souvent, on fait refroidir, on ramène au volume de 250 centimètres cubes avec de l'eau, on agite et on filtre. A 50 centimètres cubes de la liqueur aqueuse, on ajoute 50 centimètres cubes de la solution citrique, 50 centimètres cubes d'eau, 50 centimètres cubes d'ammoniaque à 0,92 et 50 centimètres cubes de mixture magnésienne. Après cinq ou six heures de repos ou une demi-heure d'agitation mécanique on filtre et on procède comme ci-dessus.

Pour les superphosphates titrant de 20 à 40 p. 100 d'acide phosphorique, la prise d'épais est réduite de moitié. Même dans les phosphates précipités, dans les superphosphates pauvres d'acide phosphorique soluble dans l'eau, dans tous ceux en général où une partie du phosphate rétrogradé peut ne pas rester dissous il faut employer une plus grande quantité de citrate ou opérer sur une plus petite quantité de matière. Dans les superphosphates doubles et triples et dans les superphosphates trop séchés, il faut, avant de précipiter l'acide phosphorique, porter la solution acidifiée à l'ébullition pour transformer en acide orthophosphorique les acides pyrophosphorique et métaphosphorique qui peuvent s'être formés pendant le séchage.

Pour l'acide phosphorique total, on traite 5 grammes de l'échantillon avec 50 à 75 centimètres cubes d'eau et avec 20 centimètres cubes d'acide chlorhydrique et 5 centimètres cubes d'acide nitrique concentré, dans un ballon jaugé de 250 centimètres cubes, on porte à l'ébullition pendant quinze à vingt minutes, on délaye avec de l'eau, on laisse refroidir ; on porte au volume, on filtre. A 50 ou 25 centimètres cubes (suivant la richesse du produit) de la liqueur, on ajoute 20 centimètres cubes de citrate d'ammoniaque, 50 centimètres cubes d'eau, 50 d'ammoniaque à 0,92, 50 de mixture magnésienne et l'on suit comme dans les méthodes décrites ci-dessus.

VII

COMMISSION INTERNATIONALE

Le IIIe Congrès international de chimie appliquée
(Vienne, 1898) a nommé une Commission internationale
ayant pour mission de rechercher les meilleures méthodes à proposer pour l'analyse des engrais et fourrages.

Les membres de cette commission sont : MM. Daffert
(Vienne), von Grueber (Viennenbourg), Maerker (Halle),
Menozzi (Milan), Schneidewind (Halle), Sidersky (Paris)
et Wiley (Washington).

Cette Commission internationale a présenté au IVe Congrès international de chimie appliquée (Paris, 1900), le
rapport suivant indiquant, dans leurs grandes lignes,
les méthodes d'analyses qu'elle croit devoir recommander.

MÉTHODES INTERNATIONALES

NOTA. — La Commission n'a pas cru devoir insister sur les détails opératoires des méthodes qu'elle recommande, estimant qu'il faut laisser ces détails au choix du chimiste.

A. — ENGRAIS CHIMIQUES

I. — DOSAGE DE L'HUMIDITÉ

On emploie 10 grammes de substance et l'on sèche à 100° C. jusqu'au poids constant ; la dessiccation des substances contenant du plâtre doit durer au moins trois heures.

II. — DOSAGE DE L'INSOLUBLE

On emploie 10 grammes de substance ;

A. — Lorsqu'on dissout dans des acides minéraux, on rend le SiO^2 insoluble et l'on calcine le résidu ;

B. — Lorsqu'on dissout dans l'eau, le résidu est séché à 100° C. jusqu'au poids constant.

III. — DOSAGE DE L'ACIDE PHOSPHORIQUE

A. — PRÉPARATION DES SOLUTIONS

1° Pour le P^2A^5 soluble à l'eau on emploie 20 grammes de substance qui

---

INDICATIONS

DES SOURCES POUR RECHERCHER LES DÉTAILS

V. plus haut, chapitre III.

Méthodes officielles allemandes.

Protokoll der allgem Versammlung[*] d. Verbandes landwirtschaftlicher Versuchsstationen im. deutschen Reiche. Bremen, 1890.

Wiley, « Principles and. Practice of Agricultural Analysis », Vol. II.

V. Chapitre III.

Wiley, « Principles, etc. ». Vol. II.
V. Chapitre II.
Méthodes officielles belges.

---

[*] « Die landwirthschaftlichen Versuchsstationen ». Berlin **W.**, chez Paul Parey.

sont agités avec 1000 centimètres cubes d'eau pendant trente minutes ; les solutions des superphosphates doubles (concentrés) doivent être bouillies avec un peu de $HAzO^3$ avant la précipitation du P^2O^5 pour transformer l'acide pyrophosphorique (qui pourrait s'y trouver) en acide ortophosphorique.

P-S. — La teneur en P^2O^5 soluble au citrate doit être dosé d'après Petermann.

2° Pour doser le P^2O^5 total on fait bouillir 5 grammes de substance avec de l'eau régale[**] ou avec un mélange de 20 centimètres cubes $HAzO^3$ et 50 grammes H^2SO^4 concentré[*], pendant trente minutes dans un flacon de 500 centimètres cubes.

3° Scories Thomas. P^2O^5[***].

a. P^2O^5 soluble au citrate.

Dans un flacon de 500 centimètres cubes, muni de 1 centimètre cube d'alcool pour empêcher la substance de s'attacher au verre, on agite 5 grammes de substance avec une solution de 2 p. 100 d'acide citrique[*], pendant une demi-heure dans un

Landwirtschaftliche Versuchsstationen. Protokoll Bremen, 1890.
Wiley, « Principles etc. ». Vol. II.

« Div. of Chem. U S. Dept. of Agric., Bul. 46 ».

Landwirtschaftliche Versuchsstationen. Protokoll. Münster, 1898.

V. Chapitre iii.

---

[*] Voir la table à la fin.

[**] Des scories Thomas contenant des parties grosses sont tamisées par un tamis de 2 millimètres : les parties restant sur le tamis sont divisées sur le tamis même par une pression légère. Le dosage du P^2O^5 se fait sur tout ce qui a passé par le tamis en tenant compte des parties grosses.

[***] Il faut employer un tamis de 7 millimètres pour la détermination du degré de ténuité d'une scorie.

appareil tournant à 30-40 tours à la minute, la température étant de 17,5° C.

b. P^2O^5 total ***.

On emploie 10 grammes de substance qu'on commence à agiter dans un flacon de 500 centimètres cubes avec 25 centimètres cubes d'eau; ensuite on fait bouillir pendant trente minutes avec 50 centimètres cubes de H^2SO^4 concentré en secouant souvent.

B. — Essais des solutions

1° Méthode d'analyse au molybdate, seule applicable dans des cas de départages, d'après Fresenius et Wagner.

2° Méthode d'analyse au citrate.

3° Acide phosphorique libre.

a. On ajoute à la solution aqueuse A 1 du méthyle-orange et on titre avec de la soude caustique.

b. On se sert d'une solution alcoolique pour la méthode d'analyse par pesée.

IV. DOSAGE DES OXYDES DE FER ET D'ALUMINE.

Méthode d'analyse donnée par M. Eugène Glaser, en tenant compte des perfectionnements apportés par M. R. Jones, ou d'après M. Henry Lasne.

Wiley, « Principles etc. » Vol II.

Landwirtschaftliche Versuchsstationen. Protokoll Berlin, 1892.

Wiley, « Principles etc. » Vol. II.

Div. of. Chem. U S. Dept. of Agric. Bull., 46.

Landwirtschaftliche Versuchsstationen. Protokoll Münster, 1898.

Landwirtschaftliche Versuchsstationen. Bremen, 1896.

Landwirtschaftliche Versuchsstationen. Protokoll Berlin, 1892 et 1898.

Wiley « Principles etc. » Vol. II.

V. Chapitre III.

Bulletin de la Société chimique de Paris 1896.

« Zeitschrift für angewandte. Chemie », édition Julius Springer Berlin, 1889.

V. Chapitre III.

Wiley, « Principles etc. » Vol. II.

V. — DOSAGE DE L'AZOTE

1º Azote nitrique.

Les méthodes directes sont seules admises.

a. Méthodes de réduction d'après Kühn avec Zn, Fe et Na_2O; d'après Desvarda, avec Cu, Al, Zn et Na_2O.

b. Méthodes volumétriques d'après Lunge, Schlosing-Grandeau, Kjeldahl-Jodlbauer.

2º Azote ammoniacal.

Le dosage doit se faire par distillation avec de la magnésie; lorsqu'il s'agit de superphosphates ammoniacaux il faut employer la solution indiquée sous III A 1.

3º Azote organique.

Le dosage se fait d'après Kjeldahl ou par calcination avec de la chaux sodée.

4º Azote total.

d. Doser d'après Kjeldahl-Jodlbauer.

VI. — CHLORATES ET PERCHLORATES

Étant nuisible, les deux sels doivent être dosés.

VII. — DOSAGE DE LA POTASSE.

Méthode d'analyse au bichlorure de platine.

Landwirtschaftliche Versuchsstationen. Protokoll Würzburg, 1893.

Div. of. Chem. U. S. Dept. of Agric. Bull. 46.

Wiley « Principles etc.» Vol. II. Landwirtschaftl. Versuchsstationen. Protokoll Münster, 1898, Bremen, 1890.

Div. of. Chem. U. S. Dept. of Agric. Bull. 46.

Wiley, « Principles etc. » Vol. II.

D'après Sjolemma Chem. Ztg. 1897. Nr. 6.

D'après Blattner et Brasseur, Chem. Ztg. 1898. Nr. 59.

D'après van Brenkeleveen, Chem. Ztg. 1898. Nr. 90.

D'après R. Selkmann « Zeitschrift für angewandte Chemie », 1898. Nr. 5.

D'après Forster, Chem. Ztg. 1898. Nr. 36.

D'après Erck, Chem. Ztg. 1897. Nr. 1.

Méthodes pour l'essai des engrais chimiques, Journal « *Die chemische Industrie* ». Nr. 12 et Nr. 13. Berlin, 1898.

VIII. — DOSAGE DE LA CHAUX ET DE LA MAGNÉSIE.

Pour la chaux employée comme engrais le dosage peut être effectué d'après la méthode de coloration de Tacke ou gravimétriquement comme d'habitude.

Wiley, « Principles etc. ». Vol. II. Landwirtschaftliche Versuchsstationen, Münster, 1898.

TABLE POUR UNE NOMENCLATURE UNIFORME DES RÉACTIFS CHIMIQUES ET DES APPAREILS

DÉNOMINATIONS	POIDS SPÉCIFIQUES	TENEURS
1. Acide sulfurique	$= 1.40 =$ 50 p. de H^2SO^4	
2. » » concentré	$= 1.84 =$ 100 » » »	
3. Acide nitrique	$= 1.20 =$ 32 » » HAz^3	
4. » » concentré	$= 1.52 =$ 100 » » »	
5. Acide chlor-hydrique	$= 1.12 =$ 24 » » HCL	
6. Acide chlorhy-drique concentré	$= 1.20 =$ 39 » » »	
7. Ammoniaque	$= 0.96 =$ 10 » » AzH^3	
8. » concentré	$= 0.91 =$ 25 » » »	
9. Eau régale	3 p. d'ac. chlohydrique 1.12 1 p. » nitrique 1.20	
10) Acide citrique	$= 20$ gr. d'acide libre per Lire.	
11) Appareil tournant	$= 30 - 40$ tours par minute.	
12) » secouant	$= 150$ » »	

Appareils qu'on peut se procurer chez Mr. Drews, mécanicien, Halle s. S. ou chez Mr. F. A. Beyes, Hildesheim.

B. — FOURRAGES

I. — DOSAGE DE L'HUMIDITÉ.

On emploie 5 grammes de substance ; la dessiccation se fait à 100° C. pendant trois heures.

II. — DOSAGE DE LA PROTÉINE *

1. — PROTÉINE BRUTE[1]

On dose l'azote d'après Kjeldahl avec 1 gramme de substance et l'on multiplie la quantité d'azote trouvée par 6,25. Lorsqu'il s'agit de fourrages très difficiles à attaquer comme les tourteaux de cotons, d'arachides, etc., on recommande une addition d'acide phosphorique anhydre.

2. — PROTÉINE PURE

On la dose d'après Stutzer avec de l'hydrate de cuivre.

3. — MATIÈRES AZOTÉES DIGESTIVES

Elles sont dosées d'après Stutzer au moyen de suc gastrique et pancréatique.

III. — DOSAGE DES MATIÈRES GRASSES

Ce dosage se fait par l'extraction de 5 grammes de substance avec de l'é-

Koenig, « Die Untersuch. landw. und gewerblich wichtiger Stoffe. » Münster, 1897.

Wiley, « Principles etc. » Vol. II et III.

Div. of Chem. U. S. Dept. of Agric., 46.

Journal f. Landwirtsch, 1881 ; Koenig « Die Untersuchung landw und gewerbl. wicht. Stoffe »,

Wiley « Principles, etc. » Vol. II

Div. of Chem. U. S. Dept. of Agric. Bull. 46.

Landw. Versuchsstation, 36 und 37.

Koenig « Die Untersuch. landw. und gewerblich wichtiger Stoffe. »

---

* Pour établir la valeur en argent des fourrages d'après leur teneur en éléments nutritifs, il convient d'adopter la proportion suivante : les matières protéiques = 3 ; les matières grasses = 3 et les matières hydrocarbonées = 1. (Voir VII° Réunion générale de l'*Union des Stations agronomiques allemandes*. Kiel, 1895.)

ther exempt d'eau et d'alcool. Les tourteaux de mélasse subissent d'abord une extraction à l'eau, s'il n'y a pas des pertes de matières grasses à craindre ; dans le cas contraire, il y a lieu de procéder autrement, soit par dessiccation et trituration de la pesée avec de la pierre ponce, ou d'après la méthode d'Emmerling ; v. « Landwirtsch. Versuchsstationen, München, 1899 ».

Protokoll der III allgem. Versammlung d. Verband. landw. Versuchsstationen im deutschen Reiche. Bremen, 1890.
Wiley « Principles, etc. » Vol. III.
Div. of. Chem. U. S. Dept. of. Agric. Bull. 46.

IV. — DOSAGE DES MATIÈRES EXTRACTIVES NON AZOTÉES*

Elles sont calculées par différence, après avoir dosé tous les autres éléments.

L'analyse directe est basée sur la recherche des quantités de dextrose par réduction d'une solution cuivroalcaline, après inversion. Betteraves et mélasses sont polarisées ; les premières après avoir subi une digestion à l'alcool.

Koenig « Die Untersuch. landw. und gewerblich wichtiger Stoffe ».
Méthode Neubauer, « landwirtsch. Versuchsstationen 1899, No. 51. ».

V. — DOSAGE DE LA FIBRE LIGNEUSE

Le dosage se fait d'après la méthode de Weende, en faisant bouillir 3 grammes de substance d'abord avec de l'acide sulfurique à 1.25 p. 100 et ensuite avec de la potasse caustique à 1,25 p. 100 ; cependant cette méthode n'est pas restée sans critique.

D'après Koenig, une séparation complète de la cellulose des Pentosanes et des Hexosanes peut être

Koenig « Die Untersuch. landw. und gewerblich wichtiger Stoffe ».
Versuchsstationen , 1897.

obtenue par un traitement de la substance avec des acides d'une concentration déterminée, tout en opérant sous pression pendant un certain temps.

VI. — DOSAGE DES CENDRES

Il se fait par une incinération et calcination ménagée de 5 grammes de substance.

Wiley « Principles, etc. » Vol. III.

VII. — DOSAGE DE LA SILICE RESPECTIVEMENT DES MATIÈRES MINÉRALES SE TROUVANT MÉLANGÉES A L'ÉCHANTILLON

L'essai qualitatif de tous les fourrages en ce qui concerne le sable et les additions minérales est obligatoire. Aussitôt que l'essai démontre la présence de quantités dépassant la teneur normale, il y a lieu de procéder à un dosage. Si la teneur accuse 1 p. 100 ou plus, il est de rigueur d'en informer qui de droit.

Landwirtsch. Versuchsstationen. Protokoll Dresden, 1894.

VIII. — ESSAI BOTANIQUE

En général il n'existe pas de prescriptions obligatoires concernant les essais botaniques. Une exception cependant est faite pour le son. Dans l'essai du son il est à préciser s'il y a des graines intactes de mauvaises herbes. S'il y en a, on doit appeler l'attention sur la circonstance que cette présence prouve une addition impliquant falsification moyennant des déchets provenant du nettoyage

Landwirtsch. Versuchsstationen. Protokoll Würzburg, 1893, Dresden, 1894.

du seigle. On détermine le nombre (et l'espèce éventuellement aussi) de graines et on les calcule sur le poids d'un kilo.

Dans le cas que l'essai microscopique d'une espèce de son indique la présence d'urédo-spores, plus qu'en petite quantité, il y a lieu de prévenir qui de droit sur la nuisibilité de ces éléments. } Landw. Versuchs-stationen, 1898.

Les essais de semences doivent se faire d'après les prescriptions de l'*Union des Stations Agronomiques* de l'Allemagne.

APPENDICE

DOSAGE DE L'AZOTE

TEXTE RÉDIGÉ PAR M. LE Dr KJELDAHL

Depuis 1883, le dosage de l'azote se fait au *Laboratoire de Carlsberg* à peu près de la manière qui a été décrite dans ma première communication, savoir : ébullition durant deux heures environ avec de l'acide sulfurique concentré et puis oxydation par le permanganate de patasse.

Seulement, j'ai abandonné comme inutile l'addition de l'acide sulfurique ou phosphorique anhydre et, d'après le conseil de M. Wilfarth, j'ajoute toujours un peu d'oxyde de cuivre. C'est vrai qu'avec l'addition d'une goutte de mercure on arrive au but plus vite encore. Mais, comme il n'y a pas de surveillance pendant le chauffage, on a le même travail, que l'ébullition dure une heure ou deux heures ; c'est seulement un plus grand nombre de bec de gaz qu'il faudrait avoir dans le dernier cas.

Puis on sait qu'il faut séparer le mercure avant la distillation, ce qui se fait souvent à l'aide du sulfure de so-

---

¹ Communication faite par le regretté M. Kjeldahl au 2ᵉ Congrès International de chimie appliquée (Paris, 1896.)

dium; mais alors il entre toujours une petite quantité de sulfure d'hydrogène dans le distillat, ce qui ne permet pas d'en faire le titrage à l'aide de la méthode iodométrique, savoir : l'addition d'iodure de potassium, d'iodate de potassium et d'une solution salée d'amidon. L'iode séparé qui est équivalent à l'acide libre est titré à l'aide d'une solution de thiosulfate de soude, dont 1 centimètre cube correspond à 1 milligramme d'azote. Une fois accoutumé à cette méthode, on n'en revient plus à cause de l'extrême netteté de la réaction finale.

Je suis assez convaincu qu'on aura les mêmes résultats, ou peu s'en faut, en se servant de mon procédé original ou en ajoutant de l'oxyde de cuivre, du mercure, etc. Ce n'est qu'une question de vitesse. Seulement, la modification de M. Gunning pourra donner, en certains cas, des résultats plus élevés. On sait que M. Gunning ajoute à l'acide sulfurique une quantité pas trop faible de sulfate acide de potassium, et qu'en faisant bouillir ce mélange l'effet en est le même que celui de l'acide sulfurique sous une pression élevée ou à une température plus haute que son point d'ébullition ordinaire. Or, il y a des substances qui ne se rendent pas tout à fait à cette température, mais qui sont complètement détruites à des températures plus élevées. Tels sont surtout les dérivés azotés cycliques, les pyridines, les quinolines, etc., et, par conséquences, bon nombre d'alcaloïdes naturels. C'est pour cela que, dans les matières riches en alcaloïdes, le procédé Gunning sera sans doute à préférer.

Pour la distillation, l'emploi des ballons en cuivre (M. C. Riber), est très commode. On ne s'expose pas à ce que le ballon se casse, il n'y a point du soubresauts et, comme on peut se servir d'une très grande flamme et le ballon étant bon conducteur de la chaleur, la distillation est bien vite terminée. Quand on met dans le ballon

150-200 centimètres cubes dont on ne recueille dans le récipient que 100 centimètres cubes, la distillation ne dure que cinq à sept minutes. Il importe que le ballon en cuivre soit fait tout en une pièce, les soudures ne résistant pas longtemps à l'action de l'alcali bouillant.

TABLE DES MATIÈRES

II

BELGIQUE, HOLLANDE ET GRAND-DUCHÉ DE LUXEMBOURG　　71-87

III

ALLEMAGNE ET SUISSE   89-135

IV

AUTRICHE-HONGRIE   137-157

VI

ITALIE   195-214

VII

COMMISSION INTERNATIONALE   215-216

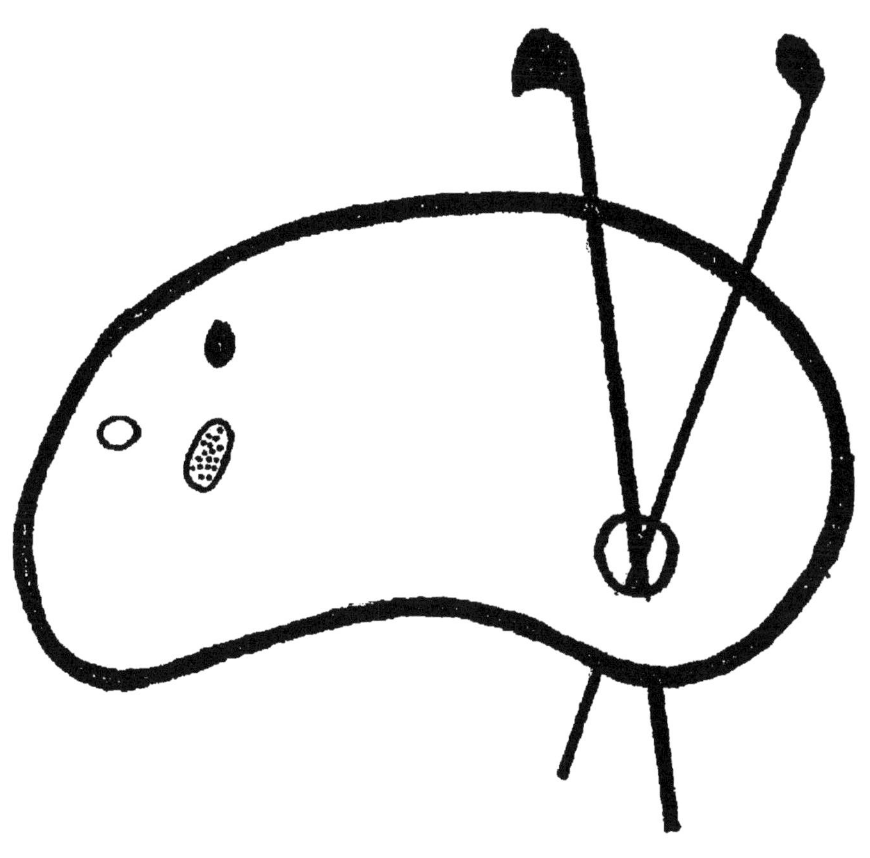

www.ingramcontent.com/pod-product-compliance
Ingram Content Group UK Ltd.
Pitfield, Milton Keynes, MK11 3LW, UK
UKHW020146130726
13696UKWH00002B/413